식물의 세계

AROUND THE WORLD IN 80 PLANTS
by Jonathan Drori, illustrated by Lucille Clerc

Text ⓒ 2020 Jonathan Drori
Illustrations ⓒ Lucille Clerc
Jonathan Drori has asserted his right under the Copyright, Designs and Patents Act 1988,
to be identified as the Author of this Work.
Translation ⓒ 2021 Sigongsa Co., Ltd.

The original edition of this book was designed, produced and published in 2021 by Laurence King
Publishing Ltd., London under the title Around the World in 80 Plants.
This Korean translation edition is published by arrangement with Laurence King Publishing Ltd.
through KCC(Korea Copyright Center Inc.), Seoul.

AROUND
THE
WORLD
IN
80 PLANTS

식물의 세계

80가지 식물에 담긴 사람과 자연 이야기

조너선 드로리

조은영 옮김

시공사

일러두기

1. 옮긴이 주는 *로 표시했다.
2. 외국 인명, 지명 등은 외래어 표기법에 의해 표기하는 것을 원칙으로 했으나, 일부
    명칭은 통용되는 방식에 따랐다.
3. 식물의 학명은 이탤릭체로 표기했고, 각 식물이 속한 과의 명칭은 페이지 하단에
    표기했다.

나를 식물 '덕후'로 만든 트레이시와
제이콥에게 사랑을 담아 바칩니다.

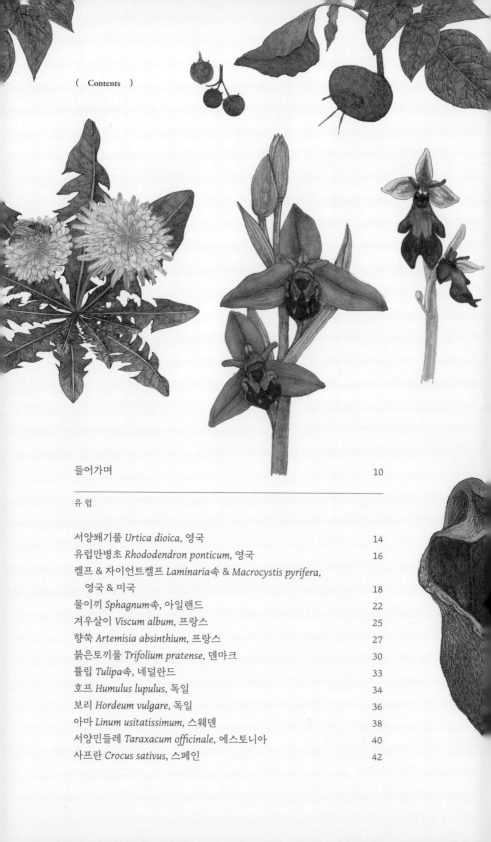

(Contents)

들어가며   10

유럽

서양쐐기풀 *Urtica dioica*, 영국   14
유럽만병초 *Rhododendron ponticum*, 영국   16
켈프 & 자이언트켈프 *Laminaria*속 & *Macrocystis pyrifera*,
    영국 & 미국   18
물이끼 *Sphagnum*속, 아일랜드   22
겨우살이 *Viscum album*, 프랑스   25
향쑥 *Artemisia absinthium*, 프랑스   27
붉은토끼풀 *Trifolium pratense*, 덴마크   30
튤립 *Tulipa*속, 네덜란드   33
호프 *Humulus lupulus*, 독일   34
보리 *Hordeum vulgare*, 독일   36
아마 *Linum usitatissimum*, 스웨덴   38
서양민들레 *Taraxacum officinale*, 에스토니아   40
사프란 *Crocus sativus*, 스페인   42

토마토 *Solanum lycopersicum*, 스페인   44
데드호스아룸 & 아룸 마쿨라툼, 디펜바키아, 셀로움 *Helicodiceros*
    muscivorus 외, 스페인 & 영국, 미국, 브라질   49
맨드레이크 *Mandragora officinarum*, 이탈리아   52
피마자 *Ricinus communis*, 이탈리아   56
아티초크 *Cynara cardunculus*, 이탈리아   58
은매화 *Myrtus communis*, 그리스   60

중 동

민감초 *Glycyrrhiza glabra*, 터키   62
시트론 *Citrus medica*, 이스라엘   64
몰약나무 *Commiphora myrrha*, 예멘   67
아위 *Ferula assa-foetida*, 이란   68
다마스크장미 *Rosa × damascena*, 이란   71

아 프 리 카

파피루스 *Cyperus papyrus*, 이집트   72
기름야자 *Elaeis guineensis*, 기니 공화국   74
카카오 *Theobroma cacao*, 코트디부아르   76
이보가 *Tabernanthe iboga*, 가봉   79
웰위치아 *Welwitschia mirabilis*, 앙골라   80
사시나무알로에 & 알로에 베라 *Aloidendron dichotomum*
    & *Aloe vera*, 나미비아   82
바닐라 *Vanilla planifolia*, 마다가스카르   86
부레옥잠 *Eichhornia crassipes*, 케냐   88
커피나무 *Coffea arabica*, 에티오피아   90

아 시 아

헤나 *Lawsonia inermis*, 파키스탄   93
연꽃 *Nelumbo nucifera*, 인도   94
아프리칸메리골드 *Tagetes erecta*, 인도   99
망고 *Mangifera indica*, 인도   100
바나나 & 마닐라삼파초, 황금연꽃바나나, 엔셋 *Musa*속, *Musella*
    lasiocarpa, *Ensete ventricosum*,
    인도 & 필리핀, 중국, 에티오피아   103
인디고 *Indigofera tinctoria*, 방글라데시   107
콩 *Glycine max*, 중국 & 한국   108
왕대 *Phyllostachys reticulata*, 중국   111

김 *Pyropia yezoensis*, 일본 114
국화 *Chrysanthemum*속, 일본 117
은행나무 *Ginkgo biloba*, 일본 & 한국 118
생강 *Zingiber officinale* & *Z. spectabile*, 타이 121
코코넛 *Cocos nucifera*, 인도네시아 123
라플레시아 *Rafflesia arnoldii*, 말레이시아 126
육두구 *Myristica fragrans*, 인도네시아 128

오세아니아

크리스마스나무 *Nuytsia floribunda*, 오스트레일리아 131
발가 *Xanthorrhoea preissii*, 오스트레일리아 132
양귀비 *Papaver somniferum*, 오스트레일리아 134
은나무고사리 *Cyathea dealbata*, 뉴질랜드 136
나무후크시아 *Fuchsia excorticata*, 뉴질랜드 139
카바 *Piper methysticum*, 바누아투 140
판다누스속 *Pandanus*속, 키리바시 143
쿠쿠이나무 *Aleurites moluccanus*,
　　마르키즈 제도(프랑스령 폴리네시아) 146

남아메리카

마테나무 *Ilex paraguariensis*, 아르헨티나 148
줄맨드라미 *Amaranthus caudatus*, 페루 150
감자 *Solanum tuberosum*, 페루 152
파나마풀 *Carludovica palmata*, 에콰도르 154
아마존빅토리아수련 *Victoria amazonica*, 가이아나 156
사탕수수 *Saccharum officinarum*, 브라질 158

중앙아메리카

테킬라용설란 *Agave tequilana*, 멕시코 160
멕시코마 *Dioscorea mexicana*, 멕시코 164
보검선인장 *Opuntia ficus-indica*, 멕시코 166
파인애플 *Ananas comosus*, 코스타리카 170
공작실거리나무 *Caesalpinia pulcherrima*, 바베이도스 172

북아메리카

삼 *Cannabis sativa*, 미국 174
쿡소나무 *Araucaria columnaris*, 미국 176

서양복주머니란 외 난초류 *Cypripedium parviflorum* 외,
　미국 & 간단한 세계 여행　　　　　　　　　　179
변경주선인장 *Carnegiea gigantea*, 미국　　　　182
옥수수 *Zea mays*, 미국　　　　　　　　　　184
스페인이끼 *Tillandsia usneoides*, 미국　　　　186
태산목 *Magnolia grandiflora*, 미국　　　　　188
담배 *Nicotiana tabacum*, 미국　　　　　　　190
호박 & 박 *Cucurbita*속 & *Lagenaria siceraria*,
　미국 & 파푸아 뉴기니　　　　　　　　　　193
벌레잡이 식물 *Sarracenia*속 & *Darlingtonia*속 & *Nepenthes*속,
　미국 & 보르네오섬　　　　　　　　　　　197
시리아관백미꽃 *Asclepias syriaca*, 캐나다　　　200
속새 *Equisetum hyemale*, 캐나다　　　　　　202

전　세　계

해양 식물성 플랑크톤　　　　　　　　　　205

다음 여행지　　　　　　　　　　　　　　207
찾아보기　　　　　　　　　　　　　　　214
감사의 말　　　　　　　　　　　　　　　219

나는 어려서 어머니, 아버지가 예술품 감정하듯 식물을 묘사하셨던 게 기억난다. 다른 집 부모들처럼 나와 남동생에게 꽃과 열매의 모양과 향, 그리고 계절에 따라 달라지는 잎의 형태와 색깔, 질감을 알려 주셨지만, 그 밖에 식물의 감춰진 삶에 관한 이야기도 해 주시곤 했다. 식물과 식물, 식물과 동물 또는 곰팡이와의 관계까지, 난 그 은밀한 비밀 이야기를 듣는 게 좋았다. 어머니는 비록 전문 교육을 받은 식물학자는 아니었지만, 언제나 가방에 루페 확대경을 들고 다니며 식물의 미세한 부분까지 살펴보고 경탄하곤 하셨다. 한번은 아버지와 박물관에 갔다가 자외선램프 아래에서 꽃들이 곤충에게 신호를 보내는 무늬를 보고 평범한 모습 뒤에 숨겨진 자연의 신비로움에 놀라 기뻤던 기억이 난다. 수십 년이 지나 나는 큐 왕립식물원(아마도 지구에서 가장 생물 다양성이 높고 숨겨진 보석이 많은 곳일 것이다) 이사의 자격으로 다양한 식물 탐험에 동행했고, 그렇게 세계를 여행하며 많은 기쁨과 영감을 얻었다. 그 이후 나는 여러 환경, 식물 단체의 홍보 대사로 활동하면서 많은 사람을 만났는데, 식물에 관한 지식을 누구보다 적극적으로 공유하는 이들을 보면서 과학과 역사, 문화를 엮어 내는 이야기의 힘을 크게 깨닫게 되었다.

　다채롭고 기이하기까지 한 식물의 세계는 우리를 사로잡는 것들투성이다. 흐드러지게 핀 목련이나 반짝거리는 보석으로 장식한 연꽃, 아름다움과 오싹함이 공존하는 난초를 보고 황홀해하지 않을 사람이 어디 있겠는가? 우리가 매일 먹는 옥수수, 토마토, 감자의 놀라운 역사, 그리고 식물이 제자리에 뿌리를 박고 서 있는 상태로 꽃가루, 포자, 씨앗을 공중에 날려 보내거나 곤충과 동물에게 대가를 지불하고 서비스를 맡기는 독창적인 확산 방식 또한 놀랍기 그지없다. 어떤 식물은 서비스 제공자에게 정직하게 보상하지만, 대가는커녕 숨기고 속이고 심지어 꾀어내어 죽이고 먹는 식물들도 있다. 이런 모습을 보면서 식물을 인간에 빗대어 생각하지 않기는 참 힘들고, 솔직히 말해 혼자 가끔 상상에 빠지곤 한다.

식물의 과학은 그 자체로도 흥미롭지만, 인간의 역사, 문화와 얽히면 배로 흥미진진해진다. 이 책에 나오는 이야기 대부분은 식물 못지않게 인간의 면면을 드러낸다. 디펜바키아, 양귀비, 공작실거리나무의 가슴 아픈 이야기들, 카바, 스페인이끼, 유럽만병초와 관련된 괴이한 전통, 사람들이 맨드레이크, 초콜릿, 심지어 향쑥을 최음제로 복용한 독특한 방법은 물론이고 우스꽝스러운 호박 이야기도 잊지 말자. 외모가 크게 돋보이지 않는 식물들일지라도 우리에게 주는 즐거움은 덜하지 않다. 쐐기풀, 해조류, 물이끼는 각각 이 여행의 시작점인 영국과 아일랜드의 식물들이다. 나는 런던의 우리 집에서 출발해 쥘 베른의 소설 『80일간의 세계 일주』 속 주인공 필리어스 포그의 경로를 대략적으로나마 따르려고 했다.

식물이 하는 가장 놀라운 일은 광합성일 것이다. 식물은 자연에서 가장 기본적인 물질(공기 중의 이산화탄소, 땅속의 물과 소량의 양분)을 얻고 태양의 힘을 사용해 목질부, 조직, 잎, 열매, 씨앗이 되는 복잡한 물질을 만든다. 인간을 비롯한 모든 생물은 어떤 식으로든 이 물질에 기대어 산다. 결국 모든 동물이 식물 아니면 식물을 먹는 동물을 먹고 살기 때문이다.

식물, 동물, 곰팡이, 그리고 모든 작은 생물들이 다양하고 놀라운 생명의 복잡한 거미줄 속에서 서로에게 의지하며 살아간다. 그러나 나무토막으로 탑을 쌓은 다음 번갈아 가며 하나씩 빼는 놀이에서 서서히 탑이 흔들거리다 결국 무너지는 것처럼, 개별 종들이 하나씩 위협을 받을 때 우리 생태계는 차츰 복원력이 약해지고, 마침내 살짝만 건드려도 시스템 전체가 무너지게 될 것이다. 우리의 미래는 생태계 안에서의 관계에 전적으로 달려 있지만 안타깝게도 생물 다양성은 인간의 걷잡을 수 없는 소비, 농업 방식, 기후 변화에 위협받고 있다. 또한 이 위험 요소들은 모두 하나로 맞물려 있다.

인간의 소비가 환경에 미치는 영향은 어디까지나 인구 증가와 연관이 있지만, 우리가 구매하는 상품의 양, 상품의 재료를 추출하고 생산하는 방법, 개인과 산업이 사용하는 에너지, 사람들의 이동 방식, 건설에 사용하는 기술 등 우리가 내리는 결정에 더 크게 영향을 받는다. 안타깝게도 기후 변화의 고통스러운 결과가 모두에게 분명해질 무렵이면 이미 재앙을 피하기에 너무 늦었다. 동기와 의지만 충분하다면 우리가 해야 할 일은 이미 정해졌고 해결책을 알고 있거나 적어도 고유한 창의력을 발휘해 개발할 수 있다. 그러나 그러려면 정부가 탄소

세를 물리고 녹색 기술에 기꺼이 보조금을 대며, 사람들이 머뭇거릴 때 일부 제품과 활동을 제지할 확고한 의지를 보여 주어야 한다.

세상에는 문제의 본질을 흐려 단기적인 이익을 취하려는 자들의 로비가 만연하다. 우리에게는 여기에 분연히 저항하는 배짱 있고 앞을 내다볼 줄 아는 지도자가 필요하다. 대중이 듣고 싶어 하지 않는 메시지를 전달할 투지, 사람들의 마음을 흔들고 따르게 하는 카리스마를 지닌 사려 깊은 의사 결정자들이 필요하다. 각국은 상대의 승리가 곧 나의 패배라는 제로섬 게임의 관점에서 벗어나 이 세계가 기후 변화라는 공동의 적에 대항하는 하나의 연합체임을 확신해야 한다. 만약 남이 하지 않는 희생을 자기만 하고 있다고 느낀다면 사람들은 변화에 더 크게 저항할 것이다. 지속 가능한 저탄소 세계로 단번에 신속하게 이동할 지름길은 없다. 실제로 도산하는 기업들이 생길 것이며, 반대로 틈새를 노려 번창하는 기업도 나타날 것이다. 마치 식물이 주어진 서식지에서 적응하고 진화해 온 것처럼 말이다. 우리들은 자기가 좋아하는 재밌는 일들을 그만둬야 할지도 모른다. 하지만 아마 곧 다른 즐거움이 그 자리를 채울 것이다. 우리는 이 시대가 당면한 큰 문제를 지도자와 언론이 적극적으로 고심하도록 격려해야 한다. 어떻게 마냥 행복하고 만족하면서 저소비, 저탄소 세계로 빠르게 옮겨가겠는가?

우리가 식량을 재배하는 방식은 넓은 환경에 커다란 영향을 미친다. 비료 생산에 들어가는 화석 연료의 양은 상상을 초월한다. 그러나 숲을 집어삼킨 대가로 수확한 옥수수와 콩의 대부분을 수십억 마리의 가축에게 먹이고, 다시 그 가축을 우리가 먹는다. 이렇게 비효율적인 방식이 또 있을까? 고기를 덜 먹으면 토지가 받는 압력이 줄어 생물 다양성이 증가하고, 석유와 천연가스에 대한 의존도도 줄어들 것이다. 다양한 식물을 먹는 것은 우리 몸뿐 아니라 환경에도 좋다. 사람들이 섭취하는 열량의 절반은 직간접적으로 밀, 쌀, 옥수수, 이 세 작물에서 나온다. 여기에 불과 9종이 추가되어 식량의 총 85퍼센트를 차지한다. 대기 중인 맛있고 영양가 있는 식물들은 많다. 이 식물들을 먹는 것은 즐거운 일이고 단일 경작에 대한 과도한 의존도를 낮출 것이다. 단일 경작되는 작물은 대부분 근친 교배되어 유전자 조성이 완전히 같기 때문에 동일한 해충이나 질병에 똑같이 취약하다. 우리는 또한 (너무 보잘것없고 초라해 도저히 우리가 먹는 작물의 조상이나 친척으로는 보이지 않지만) 많은 개량된 작물의 야생종들을 보호해야 한다. 이 야생 식물들은 질병 저항성, 가뭄 내성, 그 밖의 다른 중요한 특징들을 교배하는 데 유용한 유전자를 가지고 있지만 이미 많은 야생종들이 서식지 소실과 기후 변화로 위험에 처했다.

나는 독자들이 이 식물학 여행을 즐거워했으면 좋겠다. 전작 『나무의 세계』에 보여 준 열렬한 반응은 행복한 놀라움이었다. 많은 독자들이 책을 처음부터 끝까지 일독하는 대신 침대 옆이나 부엌에 두고 틈날 때마다 읽고 싶은 페이지를 골라서 읽은 것 같다. 그래서 나는 사람들이 산책을 하다가 기분 좋게 딴 길로 새는 것처럼 이 책을 읽다가도 비슷한 주제의 다른 꽃으로 넘어갈 수 있도록 곳곳에 참조 페이지를 넣었다.

나는 식물과 보내는 시간을 좋아하지만, 최신 논문도 즐겨 읽는 편이고 또 일부는 이 책에도 참고했다. 그러나 각주나 자세한 참고 문헌 목록은 굳이 싣지 않았다. 대신 일부 심도 있는 읽을거리는 208쪽에 따로 적어 두었고, 더 원한다면 온라인(www.jondrori.co.uk)에 상세한 목록이 있으니 참고하면 된다. 사실 본문에 넣은 이야기들은 내가 하고 싶은 이야기의 절반밖에 안 된다. 루실 클레르의 삽화를 본 독자들이라면 이 그림들이 명장의 초상화처럼 각 종의 정수를 기막히게 뽑아내고 글을 완벽하게 보완한다는 내 생각에 동의할 것이다. 독자들이 이 놀라운 식물들을 마음껏 즐기되, 동시에 우리의 관심과 보호를 받아야 마땅한 다른 수십만 종의 식물을 제발 함께 생각해 주었으면 좋겠다.

영국
서양쐐기풀 ^{Nettle}
Urtica dioica

서양쐐기풀의 따로 떨어진 암꽃과 수꽃은 소박한 커플이다. 곤충 대신 바람에
수분을 맡겨 화려한 꽃을 피울 필요가 없으므로 아주 자그마한 꽃으로
작은 화환을 만들고 만다. 암꽃은 라일락의 섬세한 꼬리 꽃차례처럼 줄지어
달린다. 수꽃은 크림색 또는 분홍기가 도는 초록색 아치를 이룬다. 수꽃이
손가락 길이의 초소형 투석기로 꽃가루를 공중에 터트리면 여름 아침의
역광을 받아 황홀하게 흩어진다. 서양쐐기풀 줄기는 어깨높이까지 자라는데,
그 길고 질긴 섬유가 수천 년 동안 옷감을 짜는 데 사용되었다. 2,800년 전
쐐기풀로 실을 자아 아름답게 엮은 직물로 몸을 감싸고 화장^{火葬}된 유골이
덴마크에서 발견되었다. 중세 시대 유럽에서는 쐐기풀 섬유가 리넨(38쪽
참조)과 더불어 옷감을 만드는 데 널리 사용되었다. 제1차 세계대전 당시 독일과
오스트리아에서는 부족한 면직물을 대신할 쐐기풀 모으기 운동이 있었다.

영어로 쐐기풀을 뜻하는 'nettle'이라는 단어는 인도유럽으로
'꼬아서 합쳐진'이라는 뜻인데, 영국의 여러 마을 이름에 들어 있다. 또한
앵글로색슨어로는 '바늘'이라는 뜻이 있는데, 대번에 이 식물의 방어 작용이
떠오른다. 가장자리가 톱니 모양인 하트형 잎과 뻣뻣한 줄기는 마치 유리
바늘처럼 생긴 미세한 털로 뒤덮여 있어 살갗을 스치면 찌른다. 이때 털끝에
달린 미세한 방울이 터지면서 온갖 자극제로 범벅된 혼합물을 주사하는데,
가렵고 화끈거리는 느낌이 몇 시간이나 간다. 쐐기풀 옆에서 흔히 자라는
소리쟁이로 통증을 가라앉히는 민간요법이 있는데, 대단한 효험이 있다기보다
피부가 조금 시원해지고 부모님에 대한 따뜻한 기억이 마법처럼 떠오르는
진정 효과가 있다. 소들의 예민한 입술과 코를 공격하기 위해 진화된 이 털
때문에 서양쐐기풀은 큰멋쟁이나비, 쐐기풀나비, 공작나비를 비롯한 수십
종의 곤충들에게 없어서는 안 될 서식지가 된다. 이 곤충들은 따가운 털 따위는
아랑곳하지 않고 오히려 포식자로부터 자신을 보호하는 데 역이용한다.

서양쐐기풀은 인간의 삶과 죽음에 대한 역사적인 단서를 제공해 왔다.
이 식물은 특히 인산염이 풍부한 토양에서 잘 자라므로 비료를 잔뜩 머금은
경작지 가장자리에 밭을 이루고 우리가 태운 재, 우리가 버린 쓰레기, 우리 몸이
썩고 남긴 뼈에서 스며 나온 인산염을 따라다닌다. 성곽의 해자 주변 제방은
하수에서 유입된 광물을 먹으며 몇백 년을 머문 쐐기풀 천지다. 교회 묘지

주변에서도 잘 자라고 고대의 집터에서도 불쑥 나타나는데, 토양의 성분으로 미루어 보아 예전에 사람이 살았던 곳에서는 다른 식물들보다 경쟁력이 훨씬 세다. 심지어 범죄 과학 수사대는 쐐기풀을 보고 땅속에 묻힌 시신의 위치를 찾기도 한다.

로마 제국의 최북단이었던 하드리아누스 방벽(*영국의 고대 방위 시설)에 배치된 불운한 병사들은 류머티즘, 온몸을 파고드는 추위, 그리고 어쩌면 지루함을 달래고자 쐐기풀로 채찍을 만들어 자신을 매질했다. 정신이 멀쩡한 사람들에게도 쐐기풀의 따끔거림이 불쾌하기만 한 건 아니지만, 여기에서 성적 자극까지 느끼는 이들은 분명 남다른 사람들일 것이다. 그러나 오늘날에도 가벼운 고통에서 쾌락을 느끼는 이들이 스스로 쐐기풀 채찍을 가한다.

육체적 고통과 즐거움은 영국인과 쐐기풀의 사이에서 한 번 더 교차한다. 18세기 조지 왕조 시대의 짓궂은 이들은 정원에 사람들을 초대해 새로 발견한 허브 다발을 소개하곤 했는데, 사실은 당시 잘 알려지지 않았던 종류의 쐐기풀이었다. 불쌍한 희생자들이 코를 디밀어 구경하다가 아픔에 얼굴을 찡그리는 걸 보고 이 사악한 인간들이 배를 잡고 깔깔대는 모습이 눈에 선하다. 영국의 도싯에서는 매년 쐐기풀 먹기 대회가 열리는데, 분별 있는 참가자들은(물론 그런 사람이 이 대회에 참가했을 리가 없지만) 잎을 먹기 전에 잘 비벼서 최대한 털을 제거한다. 그러나 신기하게도 익히면 쏘는 특성이 완전히 사라지고, 특히 끝에 돋아난 어린잎으로는 좀 까끌거리지만 먹는 데는 문제없는 수프를 만들 수 있다. 풀 맛이 나긴 해도 영양 면에서는 시금치보다 낫다.

서양쐐기풀에는 영국인 특유의 정취가 있다. 이 식물의 기이함과 희극적인 잠재성 때문이기도 하고, 다른 한편으로는 영국의 무해한 푸른 자연과 쾌활한 대지에 일말의 위협을 가하는 절제된 그러나 반가운 공헌 때문인 것 같기도 하다.

서양쐐기풀 ✻ 쐐기풀과

영국

유럽만병초 Common Rhododendron

Rhododendron ponticum

유럽만병초는 목질의 큰 관목으로 나뭇가지가 제멋대로 얽혀 있고 반들거리는 잎을 활짝 펼친다. 라일락-분홍색 또는 대담한 보라색으로 만개한 꽃잎에는 황토색과 주황색의 주근깨가 박혀 있다. 종자가 든 목질의 삭과蒴果도 때가 되어 벌어지면 따뜻하고 눈길이 가는 색을 드러낸다. 진달래속의 식물 대부분이 히말라야 또는 그보다 더 동쪽 지방에서부터 유럽으로 왔지만, 유럽만병초는 이 식물이 자생하는 터키 북동쪽 폰투스산맥에서 라틴 학명을 따왔다.

　18세기에 뒤늦게 영국과 아일랜드에 도입된 유럽만병초는 축축하고 온화한 이 지역 기후에 지나치게 잘 적응했다. 처음엔 대저택 등에서 생기 있는 장식물로 유행하다가 지주들이 사냥할 때 몸을 숨길 용도로 열심히 심어 댔다. 유럽만병초는 그늘과 산성 토양에서도 잘 견디는 식물이라 거침없이 뻗어 나갔다. 이제는 이 식물이 스코틀랜드 서부를 넓게 차지하면서 원래의 고유한 생물 다양성에 크게 영향을 주고 있다. 사람이 손대지 않은 자생지에서는 생태계 안에서 잘 어우러지지만, 영국과 아일랜드에서는 토종 식물들이 사용할 빛과 영양분을 독차지한다. 그뿐이 아니다. 유럽만병초는 피톱토라 라모룸*Phytophthora ramorum*('phytophthora'는 그리스어로 '식물 파괴자'라는 뜻이다)이라는 역병균을 품고 있는데, 특히 잎갈나무, 너도밤나무, 밤나무를 공격한다.

　잎에 독을 가진 식물은 많이 있지만, 유럽만병초는 신기하게 꽃꿀에도 독성이 있다. 이 독이 영국의 꿀벌들에게는 치명적이지만, 호박벌들은 개의치 않고 달려들어 결국 유럽만병초 침입의 숨은 조력자가 되었다.

　원산지인 터키의 산맥과 흑해 연안을 따라 서식하는 현지의 꿀벌들은 유럽만병초의 독성에 면역을 키웠다. 그곳의 꿀벌은 다른 곤충과 경쟁할 필요 없이 꽃꿀을 실컷 즐기고, 유럽만병초 역시 다른 꽃에 눈 돌리지 않는 충성스러운 꽃가루 전달자를 독점해 왔다. 그러나 이 꿀은 사람에게도 독이 되어 한 숟갈만 먹어도 혈압이 위험할 정도로 낮아지고 심박수가 줄어든다. 기원전 69년, 폰투스 왕국의 통치자 미트리다테스의 동맹국들은 로마의 폼페이 장군이 지휘하는 부대에 쫓기던 중 길가에 보란 듯이 독꿀이 든 벌집을 두었다. 석청의 달콤한 유혹을 이기지 못해 덤벼들었다가 무력해진 로마 병사들은 즉각 제압되었다. 서기 1세기 로마 박물학자 대大 플리니우스는 이 지역에서 나는 미친 꿀, 즉 '광밀狂蜜'을 조심하라고 경고했다. 그러나 15세기까지 수백 년에 한 번씩은 군대가 전투에 이 석청을 이용했다는 기록이 남아 있다.

　'미친 꿀'은 여전히 북해 지역에서 수확되어 얼얼하고 몽롱한 기분을 주는 기분 전환용 약물로 사용된다. 또한 성기능을 강화한다는 소문도 있는데, 그렇다면 왜 특정 연령대의 남성들 사이에서 과다 복용으로 인한 의외의 중독 사고가 일어나는지 짐작하고도 남는다.

영국 & 미국

켈프 ^{Kelp} & 자이언트켈프 ^{Giant Kelp}

*Laminaria*속 & *Macrocystis pyrifera*

흔히 해초라고 부르는 해조류는 단세포 식물성 플랑크톤(205쪽 참조)에서
거대한 자이언트켈프까지 범위가 다양한 원시 식물이다. 광합성을 하고
개중에는 줄기와 넓적한 잎사귀(엽상부)가 있는 종도 있지만, 육상의 '진짜'
식물과 달리 물과 양분이 이동하는 송수관이 없어 식물이 아닌 원생생물로
분류한다. 부착기를 사용해 바위에 몸을 고정한 채 필요한 일체를 바닷물에서
직접 흡수한다.

스코틀랜드 바다에는 여러 종의 켈프(다시마)가 자라는데, 모두 담배색
또는 올리브 갈색이며 가죽질의 긴 엽상부를 갖고 있다. 바닷속에서 물결치며
반짝거리든, 갓 해변에 올라왔든 줄기가 유달리 매끄러워 제발 만져 달라,
심지어는 핥아 달라고 간청하는 것 같다. 하지만 태풍에 떠밀려 올라와
무더기로 썩어갈 때는 흉물스럽기 짝이 없고 비료로서나 가치가 있을 뿐이다.
유럽다시마*Saccharina latissima*는 페티코트처럼 주름진 엽상부에 만니톨
형태로 양분을 저장한다. 만니톨은 껌을 코팅할 때 쓰는 달콤한 물질이다.
유럽다시마는 '가난뱅이의 기압계'라고도 불리는데, 공중에 매달린 가늘고
긴 잎사귀가 습도의 변화에 따라 불룩해지거나 팽팽해져서 날씨를 예측할
수 있기 때문이다. 다른 두 종인 라미나리아 디기타타*Laminaria digitata*와
라미나리아 히페르보레아*Laminaria hyperborea*는 잎이 아주 매끄럽다. 어리고
부드러운 잎을 잘게 썰고 살짝 데친 것이 한때 스코틀랜드 거리에서 인기 있는
주전부리로 팔렸다. 켈프에는 맛을 돋우는 화합물이 들어 있는데, 조미료인
글루탐산 나트륨^{MSG}이 일본의 곤부(다시마)에서 맨 처음 추출되었다.

켈프를 모아 말려서 태우고 남은 재는 18세기에 유리를 제작할 때
녹는점을 낮추기 위해 '융제^{融劑}'로 첨가하는 소다의 중요한 원료로 쓰였다.
켈프의 용도가 비료에서 융제로 바뀌면서 재를 만드느라 대량 소각할 때 나는
연기와 악취 때문에 스코틀랜드 북쪽 연안에 있는 오크니섬에서는 노동자의
법적 보호가 요구되었다. 법정에서는 '켈프 가마 때문에 물고기들이 병들거나
죽고… 농장에서는 옥수수가 시들고, 갖가지 질병이 발생하고, 양, 말, 소 같은
가축뿐 아니라 사람들까지도 불임이 되었다'는 주장이 제기되었다. 그럼에도
1900년에는 스코틀랜드 전역에서 6만 명이 켈프 산업으로 생계를 유지했다.
물론 해안가 노동자들의 이익은 지주들에 비해 턱없이 작았다.

켈프로 만든 소다는 1820년 무렵 다른 원료로 대체되었지만, 켈프 자체는 세포에 농축하는 천연 화학 원소를 추출하기 위해 꾸준히 수확되었다. 특히 해초는 중요한 요오드원이었다. 요오드는 아주 진한 보랏빛의 금속성 광택을 지닌 결정 형태의 원소로, 의약품이나 소독제를 만드는 데 사용된다(요오드라는 이름은 프랑스어로 보라색이라는 뜻의 'iode'에서 왔다). 1840년대에 글래스고에만 22개의 요오드 제조사가 있었다. 켈프는 또한 비소를 축적한다. 비소는 바다에서 자연적으로 생성되는 독성 원소다. 오크니섬 북쪽에서는 평생 해초만 먹고 사는 노스 로날지라는 품종의 양을 키운다. 특유의 싸한 바다의 맛과 향이 일품인 이 양고기는 풀을 먹고 사는 일반 양보다 비소 함량이 백 배 이상 높다(그러나 법적 허용치를 넘지는 않는다). 이 양들은 오랜 시간에 걸쳐 비소에 저항력을 키워 왔겠지만, 사람이 이 양고기나 켈프를 매일 산더미처럼 먹는 건 바람직하지 않다.

켈프와 근연 관계에 있는 태평양 자이언트켈프는 세계에서 가장 큰 해조류로, 하루에 사람의 팔뚝보다 길게 자라며 한 철이면 길이가 60미터에 이른다. 수면으로부터 10~20미터 아래에서 거대한 부착기로 정박하고, 각각의 엽상부 기부에 달린 공기주머니 덕분에 물속에서도 곧게 서 있다. 생산성이 대단히 높은 바닷속 숲 생태계를 형성해 아주 작은 생물부터 물고기와 바다표범까지 부양한다. 이 풍요로운 자이언트켈프 군집이 1만 5천 년 전에 최초로 북아메리카로 건너온 이주민들을 먹여 살렸다는 주장이 있다. '켈프 하이웨이' 가설에 따르면, 이주민들은 오늘날 러시아와 알래스카를 분리하는 베링 해협을 걸어서 아메리카 대륙으로 이동한 게 아니라, 풍부한 자이언트켈프를 먹으며 환태평양의 해안을 따라 바다를 건너왔다고 한다. 최근에는 해초 숲을 재배해 대기에서 탄소를 격리하는 방법이 제시되고 있다.

자이언트켈프는 윗부분 몇 미터만 잘라 내는 방식으로 계속 수확할 수 있다. 제1차 세계대전 때 남캘리포니아에서는 폭발물 제조에 필수적인 아세톤을 만들기 위해 자이언트켈프를 거대한 통에 넣고 발효했는데, 그 지독한 냄새가 악명 높다. 오늘날 켈프는 알긴산염 원료로 수확된다. 켈프는 물속에서 전체 질량의 몇백 배나 되는 알긴산염을 흡수한다. 알긴산염은 아이스크림과 크림치즈의 맛을 부드럽게 하고, 섬유와 페인트, 그리고 속쓰림을 다스리는 약이나 약품 캡슐 코팅에 쓰인다. 이런 귀한 쓸모는 바닷속에 모습을 감추고 있는 켈프처럼 바닷가 사람들을 제외하고는 잘 알려지지 않았다. 그 가치와 아름다움을 생각하면 참 안타까운 일이 아닐 수 없다.

태평양

대서양

아일랜드

물이끼 ^{Sphagnum}

*Sphagnum*속

발목 높이에도 채 오지 않는 물이끼(이탄이끼)는 이탄지(*이탄이 퇴적된 습지)의
드러나지 않은 건축 책임가다. 이탄지는 고요하고 아름다운 서식처이고
세계에서 가장 중요한 생태계의 하나다. 북극과 아북극의 침수된 지역에서
물이끼는 놀랍도록 다양한 색깔의 촉촉한 망토가 된다. 부드러운 녹색과
적갈색, 구리색, 초콜릿색의 은은한 색조가 따뜻한 분홍, 주황, 노랑의 밝은
얼룩과 어우러진다. 진화된 식물이 물과 양분 수송에 사용하는 기본적인
배관조차 갖추지 않은 태곳적 혈통인 물이끼는 뿌리가 필요하지 않다. 오직
윗부분만 살아 있을 뿐, 아래쪽의 덥수룩한 갈색 부위는 완전히 죽었다.

  스코틀랜드와 아일랜드에는 특별히 훌륭한 이탄 습지peat bog가 형성되었다.
'습지bog'라는 말은 게일어에서 유래했는데, 이탄지의 낮은 둔덕을 따라
두껍게 깔린 깔개를 철벅거리며 걸어 본 여행자들에게는 '부드럽고, 촉촉하고,
담그다'라는 원래의 뜻이 전혀 낯설지 않을 것이다. 물을 가두고 흡수하는
물이끼의 능력은 놀랍기 짝이 없다. 깃털처럼 생긴 작은 잎의 투명 세포에
구멍이 뚫려 있어서 건조한 물이끼가 물을 만나면 제 부피의 20배나 되는 물을
스펀지처럼 정신없이 빨아들인다.

  물이끼는 꽃이 피지 않는다. 대신 바람이 운반하는 미세한 포자로
번식한다. 지면 가까이에서는 공기층의 움직임이 거의 없으므로 키가 작은
식물에게는 이런 번식법이 문제가 될 수 있다. 그러나 다행히 물이끼는
비상한 해결책을 진화시켰다. 손톱 길이의 가는 줄기 끝에 지름이 불과 몇
밀리미터밖에 안 되는 삭이 올려져 있다. 죽은 핏빛이 감도는 이 삭에는 25만
개에 달하는 포자가 3분의 1 정도 빼곡히 들어차 있고 나머지 공간은 공기다.
건조할 때는 삭이 수축하여 내부의 공기를 5기압으로 압축하는데, 자동차
타이어 압력의 2배 정도라고 생각하면 된다. 그러다가 어느 순간 삭의 뚜껑이
부서지면서 소인국의 공기총이 하늘을 향해 포자를 쏘아올린다. 파열하는
삭 내부에서 포자는 중력 가속도의 3만 5천 배나 되는 가속도를 경험하며
시속 백 킬로미터가 넘는 속도로 날아간다. 포자는 서로 밀착해 잘 포장된
형태로 탈출하기 때문에 개별 포자가 받는 항력은 줄어든다. 둥근 고리 같은
소용돌이를 타고 앞으로 떠밀리다 보면, 포자는 공중으로 20센티미터라는 믿기
어려운 높이에 도달한다. 이 정도면 사방으로 흩어지기에 충분하다. 건조한 날,

여기저기서 팡팡 터지는 물이끼 소리는 귀로 듣는 기적이다.

물이끼는 환경을 자신에게 유리하게 바꾸는 능력이 탁월한데, 그러다 보니 경쟁자들을 고의로 방해하는 것처럼 보인다. 죽은 물이끼가 헝클어진 잎을 매달고 만든 카펫은 산소가 부족해 생명이 살 수 없는 고인 물을 형성한다. 물이끼는 필요 이상의 영양분을 추출해 저장하고, 남을 위해서는 거의 남겨 두지 않는다. 이런 정교한 화학 작용 때문에 수렁의 물이 극도로 산성화되어 식물은 물론이고 미생물도 살 수가 없다. 미생물이 없다는 것은 유기물이 썩지 않는다는 뜻이다. 이탄 습지에서 수천 년 된 인간의 시체가 소름이 끼칠 만큼 잘 보존된 상태로 발견되기도 했다.

살균력과 흡수력 때문에 마른 물이끼는 귀중한 외상 드레싱이 되었다. 제1차 세계대전 기간에 영국 병원에서 매달 수백만 개의 물이끼 드레싱이 사용되었고, 영국과 캐나다 지역 사회는 수요를 맞추기 위해 원정대까지 조직해 물이끼를 찾아다녔다.

이런 환경에서는 부패가 잘 진행되지 않기 때문에 죽은 물이끼는 물속에 가라앉은 채 압력을 받아 석탄의 전신인 이탄이 된다. 이탄은 아주 느리게 만들어지는데, 10미터 높이의 이탄지는 1만 년 이상 된 것이다. 몰트위스키에 이탄 연기가 첨가하는 대체 불가한 향을 포기하지 못해 약간의 이탄을 캐내는 것까지야 어찌 허락될지 모르나, 안타깝게도 전 세계적으로 이탄지가 무분별하게 개간되고 연료용 이탄이 대량 채굴되면서 위협을 받고 있다. 그러나 전체 육지의 불과 1퍼센트를 차지하는 물이끼 습지는 대단히 중요한 탄소 저장고다. 따라서 마른 이탄 덩어리를 쌓아 올린 피라미드가 아무리 그림 같아도, 이탄이 내는 불의 향내가 아무리 좋아도, 정원의 토질을 개선하고 전기를 생산하는 데 아무리 이탄이 유용해도 단기적인 이익을 위해 이탄지를 파괴하는 것은 끔찍하게 근시안적인 행동이다.

프랑스
겨우살이 Mistletoe

Viscum album

새 둥지처럼 얼기설기 다발로 뭉쳐 있는 겨우살이는 자신이 몸을 의탁한
사과나무, 라임, 사시나무 등이 잎을 다 잃고 앙상한 나뭇가지만 남은 추운
계절에 더 돋보인다. 동장군을 비웃듯 두툼한 쌍둥이 잎은 봄의 상큼한 초록을
머금고, 먹고 싶게 생긴 반투명 열매는 사람이나 반려동물들에게는 독성이
있지만 새들에게는 귀한 겨울철 식량이다.

검은머리휘파람새가 열매에 부리를 밀어 넣어도 씨앗까지 삼키지는
못한다. 씨앗을 둘러싼 비스신(점사)이라는 점성 물질이 부리에 들러붙기
때문이다. 그러면 새는 나뭇가지에 앉아 씨를 떼어 내려고 갖은 애를 쓰는데,
나무껍질에 대고 비비거나 문지르는 식이다 보니 자기도 모르게 틈새에
씨앗을 끼워 넣곤 한다. 이 식물에서 이름을 따온 겨우살이지빠귀는 씨앗까지
통째로 삼키고 돌아다니다가 편리한 곳에 (보통은 애용하는 야외 화장실이 있다)
점사가 묻은 상태로 배설한다. 숲속을 걷다가 낮은 나뭇가지에 대롱대롱
매달린 저 냄새 나는 물질이 몸에 묻는 일이야말로 야외 활동의 진정한 즐거움
아니겠는가.

겨우살이 씨앗은 숙주의 나뭇가지에 제 자리를 찾는 순간 어두운 면모를
드러낸다. 가느다란 흡착성 뿌리를 뻗어 살아 있는 나무 조직에 밀어 넣고
평생 반기생 식물로 살아간다(자신의 화려한 사촌인 크리스마스나무처럼, 131쪽
참조). 광합성은 제힘으로 하지만, 그 밖의 필요한 물과 양분은 모두 숙주에게서
조달한다. 그 바람에 숙주는 생장이 느려지고 질병에도 쉽게 걸리게 된다.
목재와 과실의 수확량이 크게 줄기 때문에 프랑스에서는 토지 소유주들이
의무적으로 겨우살이를 제거해야 한다. 다행히 그렇게 수확된 겨우살이를 찾는
사람은 많다.

초자연적인 겨울철 번식력 때문에 겨우살이는 고대 원시 신앙 및
드루이드교(*고대 켈트족의 종교)에서부터 다산과 연관됐다. 다산의 상징이
행운의 부적으로 탈바꿈하는 것은 잠깐이면 된다. 오늘날 겨우살이는 겨울철
장식으로 인기 있지만, 이교도와의 연관성 때문인지 교회에 달리는 일은 별로
없다. 겨우살이 아래에서 키스하는 전통은 입을 맞출 때도 사회의 용인이
필요한 보수적인 영국에서 시작되지 않았을까 싶다. 이제 이곳에서 겨우살이는
많은 사무실 크리스마스 파티에서 기회이자 골칫거리가 되고 있다.

향쑥 Wormwood

Artemisia absinthium

길가에 씩씩하게 자라는 향쑥은 길고도 귀한 의학의 역사를 갖고 있다. 가슴 높이까지 자라며 은빛의 이파리는 가장자리가 깊숙이 패였고 가지 끝에 연한 노란색 꽃을 피운다. 으깨면 방향족 화합물들이 세이지의 강한 향내를 풍긴다.

직역하면 '기생충 나무'인 영어명 'wormwood'처럼 향쑥에는 기생충을 효과적으로 쫓아내는 화학 물질이 들어 있는데, 장내 기생충이 기승을 부리던 시절에는 대단히 가치 있는 특징이었다. 서기 1세기에 디오스코리데스가 저서 『약물지』에서 파피루스(72쪽 참조)로 만든 책을 쥐가 갉아먹지 못하게 하려면 잉크에 향쑥 추출물을 섞으라고 제안한 걸 보면 다른 생물들도 이 식물을 썩 좋아하지는 않는 것 같다.

1792년 피에르 오르디네르라는 스위스 의사가 향쑥을 사용한 알코올성 특허 약품을 '압생트 추출물'이라는 이름으로 시장에 선보였고, 1805년에 앙리-루이 페르노는 프랑스 국경 마을에 압생트 공장을 세웠다. 이후 증류주에 향쑥과 아니스를 비롯한 허브를 넣고 재증류한 다음 갖가지 허브 추출물과 섞는 방식으로 제조법이 진화했고, 그 결과 쓴맛이 확실하고 반짝이는 에메랄드색의 독주가 탄생했다. 1840년대에 압생트는 열병과 기생충 예방약으로, 또 오염된 물을 소독하길 바라며 알제리의 프랑스 부대에 배포되었다. 이후 압생트가 정력에 좋다는 소문이 돌면서 병사들은 압생트 맛에 크게 길들여진 채로 고국에 돌아왔다.

그러나 압생트는 전문 용어와 도구를 갖추게 되면서 진정한 인기를 얻기 시작했다. 1870년대 압생트를 마시는 방식은 유난히 복잡했다. 정량의 압생트를 유리잔에 붓고 구멍이 여러 개 뚫린 특별한 스푼을 잔에 걸친 다음 각설탕을 올려놓는다. 여기에 얼음물(놋쇠와 유리로 만든 전용 장치에서 따른 물이면 더 좋다)을 천천히 흘린다. 이제 차가운 물이 술에 닿으면 농축된 알코올에서는 쉽게 녹지만 물에는 잘 녹지 않는 다양한 물질이 우러나오면서 마법이라도 걸린 듯 수정처럼 맑은 초록색 술이 우윳빛 노란색으로 변하는데, 이를 루쉬 현상La Louche이라고 부른다.

묘한 색깔과 기분을 좋게 해 준다는 소문 덕분에 압생트는 초록 요정이라는 별명을 얻었고, 벨 에포크 시대에 카페에 모인 보헤미안들에게 기꺼이 받아들여졌다. 퇴근 후 압생트 한 잔으로 스트레스를 푸는 전문 술집이 생겼고,

'초록색 시간'이라는 기발한 문구와 함께 홍보되었다. 아이러니하게도 (서기 50년에 페다니우스 디오스코리데스가 숙취 해소제로 처방한 이후) 향쑥은 알코올의 효과를 증폭시키는 것은 물론이고 지각 변형과 환각까지 일으키는 것 같았다.

1880년대에는 많은 인상파 화가들이 압생트 애호가였다. 오스카 와일드, 파블로 피카소, 샤를 보들레르, 그리고 압생트의 효능을 굳게 믿은 당대의 유명 시인 폴 베를렌과 아르튀르 랭보 등도 마찬가지였다. 유명인들의 보증을 받아 압생트 유행은 열풍으로 번졌고, 곧이어 중독자들이 속출했다. 압생트 열풍이 엄청난 사업의 기회를 제공하면서 싸구려 압생트들이 시장에 넘쳐나게 되었다.

만성적인 술꾼들이 압생트 중독 증상을 보이기 시작했다. 파리한 얼굴과 정신 장애, 그리고 그들이 보았다는 환영은 투존이라는 향쑥의 독성 성분 때문이다. 빈센트 반 고흐의 명작이 압생트에 의해 탄생했을지는 모르지만, 자해와 자살로 이어진 광기 역시 압생트 때문에 악화되었을 가능성이 있다. 에드가 드가의 <압생트 한 잔>이라는 작품에 그 위험이 잘 압축되어 있다. 그림 속 불행한 여성은 체념한 표정으로 멍하니 술잔을 바라본다. 경련을 일으키다 끝내 사망한 사람들도 있었다. 결국 제1차 세계대전이 발발할 무렵에 압생트는 프랑스와 많은 나라에서 금지되었다.

저가의 압생트는 유독 물질과 유해 착색제가 혼합된 불순물 덩어리라는 사실이 밝혀졌다. 문제를 일으킨 것은 소량의 투존이 아니라 상상을 초월할 정도로 높은 도수의 알코올과 뒤섞인 이 불순물들이었다. 이제 압생트는 명예를 되찾았고, 의학적 효과를 일으키지 못하는 낮은 함량의 투존과 함께 오로지 향쑥만 사용해서 제조된다. 그러나 이 약초 이야기는 여기에서 끝나지 않는다.

1960년대 후반부터 중국 과학자들은 새로운 말라리아 치료제를 만들기 위해 전통 의학에서 고열 치료에 사용된 식물들을 찾아왔다. 갈홍葛洪이 서기 340년에 쓴 고전 『주후비급방』과 1596년에 쓰인 『본초강목』에 나오는 '간헐적 열병에 의해 몸이 뜨겁고 차가워지는 증상'에 관한 구절에서 영감을 받아 향쑥의 근연종으로 중국에 자생하는 개똥쑥Artemisia annua을 연구했고, 결국 이 풀에서 아르테미시닌이라는 물질을 추출했다. 아르테미시닌의 화학 구조는 식물체가 상당한 자원을 투자해야만 합성할 수 있는 것으로서, 아마 경쟁 식물이 향쑥의 영역에 침범하지 못하게 막는 용도로 진화했을 것이다. 그러나 용하게도 사람의 몸에 들어가면 말라리아 기생충을 죽인다. 이 연구는 노벨상으로 이어졌고, 아르테미시닌과 그 파생 물질은 중국, 베트남 및 여러 아프리카 국가에서 재배된 개똥쑥으로 만든 항말라리아 약물의 토대가 되었다. 고대의 지식이 현대 과학에 이처럼 뜻깊은 조언을 했다는 게 얼마나 뿌듯한지 모르겠다.

향쑥 ✻ 국화과

향쑥 ✳ 국화과

덴마크
붉은토끼풀 ^{Clover}

Trifolium pratense

세상에 진정한 변혁을 가져온 업적에 비해 토끼풀은 안쓰러울 정도로 볼품이 없다. 키가 종아리를 넘지 않으며, 흔히 두 재배종이 있는데 둘 다 달콤한 향기를 은은하게 풍기는 체리 크기의 통통한 꽃을 피운다. '붉은' 토끼풀*Trifolium pratense*은 실제로는 마젠타색에 가깝고 뒤영벌이 꽃가루를 옮긴다. 반면에 '하얀' 토끼풀*Trifolium repens*은 꿀벌을 끌어들인다. 덴마크의 평탄하고 비옥한 시골을 수놓는 토끼풀밭은 대단히 인상적이다. 이곳에서 토끼풀 종자는 중요한 수출품이고 심지어 붉은토끼풀은 이 나라의 국화이기도 하다. 한편, 아일랜드인들에게는 노란색 토끼풀*Trifolium dubium*이야말로 진정한 세잎클로버일 것이며, 이 나라의 유명한 상징이다.

　식물은 기본적으로 이산화탄소와 물을 사용해 광합성을 하지만, 질소 화합물이나 인을 포함한 다른 영양분도 토양에서 빨아들여야 한다. 작물을 수확할 때 이들 영양소도 함께 땅에서 빠져나가기 때문에 동물이나 사람의 분뇨로 땅에 양분을 충전하지 않으면 이후에 작물이 잘 자라지 않는다. 보통은 질소 화합물을 포함하는 화학 비료를 주어 해결한다. 공기 중에 질소는 78퍼센트나 되지만, 실제로 식물이 사용할 수 있는 형태로 바꾸려면 복잡한 화학 작용을 거쳐야 한다. 여기에 콩과 식물이 등장한다. 콩과는 토끼풀은 물론이고 완두콩, 콩, 렌틸콩, 심지어 싸리나무, 아까시나무 같은 나무들까지 포함하는 식물 분류군으로 지구의 천연 비료들이다.

　콩과 식물은 뿌리에 사는 뿌리혹박테리아와 아름다운 공생 관계를 맺고 박테리아들이 질소를 '고정'하게 만든다. 질소 고정이란 공기 속 질소로 식물이 사용할 수 있는 질소 화합물을 만든다는 뜻이다. 단백질과 아미노산은 동물의 몸을 만드는 건축 재료인데, 질소가 많이 들어간다. 콩과 식물이 우리 식단에 중요한 이유가 여기에 있다. 우리는 콩을 직접 먹기도 하고, 우리가 먹는 동물들에게 먹이기도 한다. 또한 콩과 식물은 수천 년 동안 밭에서 윤작 작물로 재배되어 다른 작물에게 먹일 질소까지 마련해 왔다.

　토끼풀은 질소를 고정하고 인을 축적하는 능력이 특별히 뛰어나다. 10세기 즈음에 안달루시아 지방에서 처음 재배되었지만, 성장하는 주변 도시에서 곡식의 수요가 늘어나면서 질소 부족이 문제가 되기 시작한 17세기가 되어서야 유럽에 널리 심어졌다. 비료로 쓰기 위해 도시 주민들의 인분을 먼 경작지까지

실어 오는 일이 여의치 않았기 때문이다. 토끼풀은 인류의 식량에 필수적인 요소가 되었고, 1750년 무렵부터 150년간 농업 생산성이 급격히 증가했다. 토끼풀은 곧 살찐 소이자 넉넉한 우유와 고기, 그리고 풍성한 작물이 되었다. 이 모든 잉여 식량과 함께 유럽 인구는 같은 기간에 3배 가까이 증가했다.

사람들은 새로운 단맛에도 젖어갔다. 토끼풀은 벌들이 꽃가루를 날라 주어야 한다. 그렇게 벌들이 꽃밭을 활보하면서부터 꿀 생산이 급증했다. 토끼풀이 펼쳐진 붉은색, 하얀색, 초록색의 낭만적인 경관이 유럽 정체성의 일부가 되었다. 오늘날 유럽에는 토끼풀과 관련된 속담들이 있다. 예를 들면, '토끼풀 속에서 살다being in clover'는 풍족한 삶을 뜻한다. 언제부턴가 세잎클로버가 행운을 뜻하게 되자, 돌연변이인 네잎클로버는 더 큰 행운의 상징이 되었다. 몇천 개 중 하나씩 나타나는 네잎클로버는 드물기 때문에 특별하지만, 그렇다고 사막에서 바늘 찾기만큼 어렵지도 않다.

1909년에 독일 화학자 프리츠 하버가 천연가스인 메테인과 공기로 비료용 질소 화합물을 합성하는 데 성공해 노벨상을 받았다. 제2차 세계대전 이후 하버의 방식이 세계적으로 확산하면서 토끼풀-뿌리혹박테리아 공생을 대신했다. 흔해진 질소 비료 덕분에 작물 생산량이 크게 늘면서 세계 인구가 증가했지만, 질소를 인공적으로 합성하려면 엄청난 에너지가 필요하기 때문에 결과적으로 기후 변화를 악화시켰다. 강과 바다로 흘러 들어간 질소가 녹조 현상을 일으켜 죽음의 해역을 만들었고, 인공 비료를 사용한 단일 경작 방식이 보편화되면서 제초제와 살충제에 대한 의존도가 높아지고, 그로 인해 매력적인 경치는 물론이고 생물 다양성이 소실되었다.

일부 대규모 농경 방식은 지속 가능하지 않다. 반면 전통적인 윤작, 바람직한 관리법, 개선된 작물과 토끼풀 품종을 조합한 농경이 점점 경쟁력을 키워가고 있다. 뜻있는 농부들이 시골에 토끼풀을 재도입하면서 생물 다양성에 핵심적인 벌과 꽃가루 전달자들도 돌아오고 있다.

붉은토끼풀 * 콩과

네덜란드

튤립 ^{Tulip}

*Tulipa*속

바람이나 다른 날아다니는 곤충 대신 딱정벌레에게 꽃가루받이를 맡기도록
진화한 소수의 야생 튤립은 주홍색 꽃을 피운다. 그렇지 않으면 중앙아시아의
반건조 언덕에서 햇살처럼 화사한 노란색을 발산한다. 중세 시대에
중앙아시아에서 이주한 부족들이 지금의 터키로 튤립을 들여왔다고 한다. 어떤
튤립의 꽃잎에는 미세한 이랑이 있는데, 그 구조가 파란색과 자외선의 무지갯빛
후광을 만들어 낸다. 벌들은 이 색과 무늬에 특히 민감하지만, 인간은 가장 짙은
색 품종에서나 겨우 은은한 빛으로 알아볼 뿐이다.

 튤립은 페르시아 말인 '터번^{turban}'에서 왔는데, 이 꽃의 꽃봉오리가 그
모양을 닮았다. 터키의 시 속에서 튤립은 여성미와 원숙함, 낙원을 상징하며,
뾰족한 꽃잎의 형상은 예술과 건축, 이슬람 타일에서 공통으로 나타나는
문양이다.

 16세기 후반에 튤립이 네덜란드에 도착하자 식물 육종가들이 화려한
색채의 교배종을 만들기 시작했고, 그중 일부가 바이러스에 감염되면서
오히려 꽃잎에 정교한 줄무늬가 생겼다. 투자 기회를 찾아 혈안이 된 네덜란드
상인들을 주축으로 희귀성과 대중의 관심이 결합해 '튤립 파동'이 일어났다.
튤립 구근의 가격이 천정부지로 오르다가 위험과 탐욕의 사기성 광풍이
휘몰아친 지 3년 만인 1637년에 거품이 터졌다. 튤립 파동은 오늘날 모든
경제학과 학생이 배우는 대표적인 거품 경제의 예시가 되었다.

 네덜란드는 여전히 튤립 재배의 중심지다. 집약적 농업은 대지에
오색찬란한 도장을 찍지만, 농약을 대량 살포해야만 수를 줄일 수
있는 해충과 곰팡이에게 끼니를 제공하기도 한다.

튤립 * 백합과

독일

호프 Hop

Humulus lupulus

호프(홉)는 앵글로색슨어로 '위로 올라간다'는 뜻의 'hoppen'에서 왔고, 시적으로 들리는 라틴 학명은 '부엽토humus'를 선호하는 취향과 '작은 늑대lupulus'처럼 걷잡을 수 없이 자라는 특성에서 왔다. 겨울이면 상층부가 죽는 다년생 덩굴로 한 해 여름철에만 15미터씩 왕성히 자라 생울타리를 기어오르고 주변 나뭇가지를 휘감아 몸을 지탱한다. 그리고 신기하게도 자라면서 잎의 모양이 변한다.

아스파라거스를 닮은 호프의 싹은 적어도 로마 시대 이후로 식탁 위에 올라왔지만, 근연 관계인 대마초(174쪽 참조)처럼 특별한 가치가 있는 것은 암그루의 꽃이다. 이 '솔방울'에는 강력한 살균제를 포함해 다양한 방향유를 분비하는 샘이 있어서 수도원 약초 재배원에서 일찌감치 재배되었다. 1780년대에 말썽 많던 영국 왕 조지 3세가 호프를 사용해 수면을 돕고 곤두선 신경을 진정시킨 것은 잘한 일이다. 최근 연구 결과는 호프의 수면 효과와 불안 및 우울증 증상 완화 효과를 뒷받침한다.

중세 시대에는 맥아 보리를 발효시켜 만든 달짝지근한 에일이 북유럽 식단의 중요한 부분을 차지했지만, 보관이 어렵다는 단점이 있었다. 수도사들은 에일에 호프를 첨가해 상쾌하면서도 복잡미묘하고 쌉쌀한 음료를 만들었는데, 호프는 유용한 보존제 역할을 했다. 이 새로운 상품인 '맥주'는 보존 기간이 길어 시장에 내다 팔 수 있었고, 수도원은 수입이 짭짤한 양조장이 되었다. 15세기에 맥주는 유럽 대륙 전역에서 흔한 음료가 되었고, 곧 영국까지 진출했다. 여전히 호프는 보리(36쪽 참조)와 함께 맥주의 기본 원료다.

이제는 미국이 최대의 호프 생산국이지만, 재배 면적은 독일이 제일 크다. 18세기 이후로 독일과 영국에서는 밭에 열을 지어 심은 호프들이 5미터 높이로 설치된 장대와 끈을 감고 올라간다. 기계화되기 전에는 죽마를 탄 남성들이 아슬아슬하면서도 그림 같은 모습으로 호프를 돌보았다. 꽃을 따는 일은 힘든 수작업이라 호프는 노동력이 저렴한 지역에서 주로 재배되었고, 19세기와 20세기 전반기에 호프 따기는 영국 노동자 계급이 사람들과 어울리며 보내는 여름철 이벤트였다. 1835년 『페니 매거진』은 애교 있게, 그러나 거들먹거리며 "호프 수확기는 활기차고 흥미가 넘친다. 이 노동을 위해 모여든 각양각색의 군상을 보는 재미가 쏠쏠하다"라고 묘사했다.

호프에는 수십 종의 품종이 있다. 맥주의 풍미와 향은 호프의 품종, 재배지,
수확 시기, 처리 및 제조 과정 등에 크게 영향을 받는다. 감사하게도 공공
정신이 투철한 영혼들이 집중적인 맛보기와 지난한 시행착오의 책임을 맡았다.
힘들지만 누군가는 해야 하는 일이니까.

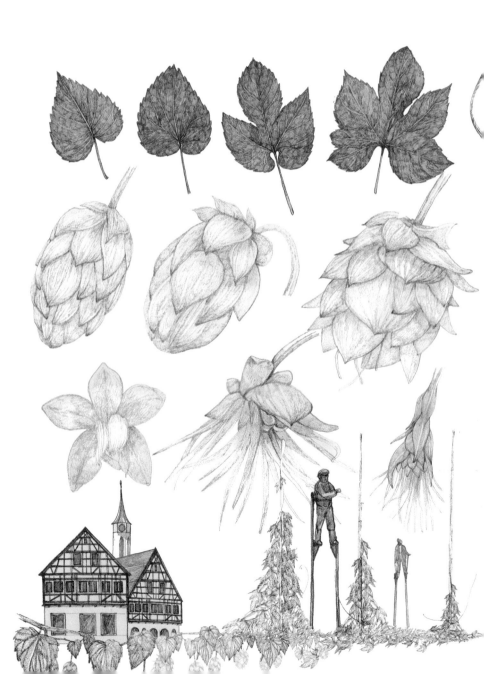

독 일

보리 Barley

Hordeum vulgare

허리 높이까지 자라고 이삭에 거친 강모가 달린 보리는 인류와 역사를 함께한 강인한 곡식이다. 보리는 약 1만 년 전에 곡식으로는 처음으로 오늘날의 이스라엘과 요르단에서 재배되었다. 야생 식물이 성공적으로 대를 잇기 위한 방법의 하나로 보리 역시 원래는 종자가 익자마자 바로 땅에 떨어지도록 진화했다. 그러나 수확하는 사람 입장에서는 작업을 더디게 하는 끔찍한 특성이다. 그래서 낟알이 꽃대에서 떨어지지 않는 돌연변이 보리를 발견했을 때, 사람들은 일부러 그런 보리를 골라서 심고, 마침내 모든 낟알이 확실히 이삭에 붙어 있는 세대가 나올 때까지 그 과정을 반복했다. 덕분에 곡식을 수확하기는 말할 수 없이 쉬워졌지만, 이제 이 식물은 전적으로 인간의 손에 의해서만 종자를 퍼뜨릴 수 있다. 보리와 밀 등 곡식을 재배한 덕분에 인간 사회는 한곳에 정착해 도시를 세우게 되었다.

기원전 4000년 무렵에는 보리가 이집트와 메소포타미아에서 재배되었는데, 그 지역은 빗물이 아닌 범람하는 강물로 땅에 물을 댔기 때문에 토양의 소금기에 강한 보리가 밀보다 훨씬 유리했다. 기원전 1800년에는 보리가 유라시아의 주요 곡식이 되었다. 로마 시대에는 부유한 이들이 밀을 선호했지만, 지중해 동부에서는 여전히 보리가 주식이었고 사람들은 보리로 죽이나 플랫브레드(*효모를 사용하지 않은 빵)를 만들어 먹었다. 로마에서 곡물과 농업의 여신인 케레스는 손에 밀이 아닌 보릿단을 들었고, 콩과 곡물로 채식하며 수련한 로마 검투사들은 '보리를 먹는 사람'이라고 불렸다.

보리는 성장기가 짧고 가뭄이나 척박한 토양에서도 잘 자라며 높은 위도나 고도에서도 잘 견디는 믿을 만한 작물이다. 또한 혈중 콜레스테롤 수치와 당 조절을 개선하는 식이 섬유가 이례적으로 혼합된 뛰어난 식품이다. 겉껍질을 제거해 매끄럽게 만든 보리쌀도 마찬가지다. 그러나 스튜에 넣거나 과일, 견과류와 섞어 죽을 만들거나 양념하여 샐러드를 만들어 먹는 중동이나 서아시아 지방을 제외하면, 안타깝게도 보리는 사람의 먹거리로는 과소평가되고 있다. 보리의 주요 용도는 동물의 사료 또는 술을 빚는 재료다.

4천 년 전, 오늘날의 이라크 남부에서 수메르인들은 맥주를 문명의 증거로 생각했는데, 아마도 잘 정착된 공동체가 보리 재배에 필수적이기 때문일 것이다. 맥주는 설형 문자로 쓰인 문헌에 종종 등장한다. 기원전

1800년경에 제작된 점토판에는 양조 과정을 서정적으로 설명하고 맥주의 여신인 닌카시에게 바치는 찬가가 실렸다. 안타깝게도 이 고대의 시는 "그대가 잘 걸러진 맥주를 부을 때면, 티그리스강과 유프라테스강이 콸콸 쏟아지는 듯하네"라고 애태우듯 토로했지만 정작 제조법은 생략했다. 수메르 양조업자들은 보리빵과 물을 섞어 발효시켰을지도 모른다. 그것은 오늘날 동유럽과 러시아에서 호밀빵을 이용해 상쾌한 저알코올 음료인 크바스를 만드는 방식과 비슷하다.

맥아를 만드는 과정은 술을 빚는 데 적합한 보리의 생화학적 특성을 이용한다. 곡물을 물에 담가 발아하기 시작하면 종자 속 풍부한 녹말을 생장 연료인 당분으로 바꾸는 효소가 분비된다. 일주일 정도 지나 싹이 튼 보리에 열을 가해 발아를 억제시킨 다음 효모를 넣으면 말토스와 다른 맛 좋은 당분을 추출하며 발효한다. 스코틀랜드에서는 이 발효액을 증류해 위스키를 만든다. 어떤 나라에서는 보리가 아닌 발효된 옥수수로 '위스키'를 만들기도 하며, 심지어 그 혼합물에 보리를 사용한다.

독일은 보리를 이용해 까다롭게 술을 빚어왔다. 보리는 호프(34쪽 참조), 물, 효모와 함께 맥주순수령Reinheitsgebot이 유일하게 허락한 네 가지 맥주 재료 중 하나다. 1516년에 제정된 이 법은 불순물이 섞인 질 낮은 맥주를 금지했고(그리고 귀중한 밀을 빵 굽는 용으로 쓸 수 있게 했다), 덕분에 독일 맥주의 품질은 더할 나위 없이 좋았을지 모르지만 한결같은 맛과 다양성이 주는 즐거움 사이에서 긴장감을 조성하기도 했을 것이다. (*맥주순수령은 1993년에 폐지되었다.)

스웨덴

아마 Flax

Linum usitatissimum

아마꽃은 봄 하늘처럼 짙은 청록색이고 섬세한 꽃잎은 가벼운 바람에도
흩날리지만 식물의 나머지 부분은 놀랄 정도로 튼튼하고 리넨(아마포)이라는
천을 짜는 섬유로도 유명하다. 아마의 둥근 열매는 작은 호롱처럼 생겨 보기
좋게 분할된 삭과이고, 짜서 귀한 기름을 만드는 납작하고 윤기 있는 갈색
씨앗이 들어 있다. 현재는 러시아와 캐나다가 주요 재배지이지만, 적어도
2,500년 동안 스웨덴에서 재배되어 왔다. 스웨덴에서 아마는 물리적, 문화적
경관의 일부이며 전통적으로 여성의 생식 능력과 연관되었다.

아마 줄기는 허리 높이까지 오고 속껍질의 소화되지 않는 섬유는 초식
동물의 접근을 막는다. 약 5천 년 전 스위스에서는 이 섬유로 1센티미터당 최대
60가닥이 들어가는 고운 옷감을 지었고, 고대 이집트에서는 사제의 예복이나
미라를 싸는 데 사용했는데, 그 품질이 현대의 직물과 견줄 만하다.

17세기 초기에 유럽의 농장 노동자 6명 중 1명은 아마 생산에 종사했고,
20세기 초까지도 주된 식물성 섬유로 쓰였다. 이 섬유는 젖어도 강도가
약해지지 않는데, 민첩성과 속도가 생명인 전함과 상선의 시대에 요구되는
바람직한 특성이었다. 선박들은 아마로 짠 밧줄에 묶인 '리넨의 날개를 달고'
바다를 질주하곤 했다.

오늘날 리넨은 튼튼하고 광택이 있는 원단으로 유명하며 화려한 식탁보와
시원한 여름옷에 사용된다. 그러나 주름이 잘 펴지지 않아 다림질해야 하고,
잘 다려 놓아도 격식이 있어 보이기보다는 낡고 후줄근한 멋이 있다. 전문
제빵사들도 리넨을 사용하는데, 마지막 발효 때 반죽이 들러붙지 않게 밀가루를
묻힌 리넨 헝겊을 덮어 둔다.

아마씨유는 공기에 닿으면 산화해 고체층을 형성한다. 이 특징을 이용해
화가들이 수 세대 동안 물감의 미디엄으로 유용하게 사용해 왔다. 건조 중인
캔버스의 따뜻한 냄새를 맡으면 화가의 작업실이 떠오르지만, 아마씨유는
생각보다 위험한 물질이다. 이 기름은 산화할 때 열이 발생하는데, 따뜻할수록
반응 속도가 빨라진다. 기름이 묻은 걸레를 둘둘 말아 놓으면 자연 발화할
정도로 충분한 열을 가둔다고 알려졌다. 1860년대에 산화된 아마씨유를 수지,
색소, 코르크 조각과 섞어 리놀륨을 만들었는데, 저렴하고 무늬가 독특하며
오염 물질을 쉽게 닦아 낼 수 있어 20세기 전반기에 주부들 사이에서 부엌

바닥재로 인기가 있었다. 이는 리놀륨 판화라는 새로운 예술을 낳았다. 리놀륨 표면은 쉽게 조각할 수 있어 원하는 디자인으로 홈을 판 다음 잉크를 발라 이미지를 인쇄한다.

아마의 영어명인 'flax'는 튜턴족 언어에서 왔는데 '땋다' 또는 '껍질을 벗기다'라는 뜻으로 아마를 처리하는 과정을 말하는 것 같다. 한편 라틴 학명의 종소명인 *usitatissimum*'은 '가장 유용한'이라는 뜻이다. 속명인 'Linum'은 그리스어 'linon'에서 왔는데, 오직 식물학적 연관성만 있는 여러 이질적인 단어들의 뿌리가 되었다. 리넨linen, 아마씨linseed, 리놀륨linoleum은 두말할 것도 없다. 하지만 흔하디 흔한 '선line'이라는 단어가 두 지점 사이에 가장 짧은 거리를 측정하기 위해 팽팽하게 잡아당긴 실 가닥에서 유래했다고 누가 생각하겠는가? 한편, 따가운 재료의 안에 대는 부드러운 리넨 천은 '안감lining'이라고 부르고, 예민한 아랫부분을 따가운 모직물로부터 보호하는 호화로운 속옷은 '란제리lingerie'가 되었다.

에스토니아

서양민들레 Dandelion

Taraxacum officinale

아마도 민들레는 너무 흔한 꽃이라 제 가치를 인정받지 못하는 것 같다. 수십 개의 홑꽃이 모여 만든 두상화서는 온대 지방의 넓은 들판과 길가에 노란색이 강렬하게 얼룩진 화사한 카펫을 깔고, 단조로운 초록 잔디밭에 간간이 끼어들어 생기를 준다. 이 풀은 잡초로 취급될 정도로 확실히 잘 퍼진다. 특히 유럽 남부의 민들레들은 전통적인 방식을 따라 곤충이 꽃가루받이를 하고 심지어 꽃잎의 자외선 패턴으로 곤충들을 불러 모으기까지 한다. 그러나 민들레는 굳이 번잡한 꽃가루 소동을 일으키지 않고 무성으로도 씨앗을 수정할 수 있다.

민들레 씨앗의 머리는 골프공 크기의 하얀 깃털로 이루어진 구체로 찰나를 사는 섬세함이 매혹적이다. 구체는 수십 개의 꽃으로 이루어졌다. 각각의 씨앗 머리에는 굴뚝 청소용 솔처럼 보송한 털 가닥 '관모'로 된 작은 파라솔이 아슬아슬하게 달려 있다. 이 꼬마 낙하산들이 미풍에 멀리 날아가는 방식이 최근에 밝혀졌다. 씨앗이 아래로 떨어질 때 관모는 바로 위에서 회전하는 공기의 작은 광륜으로 지지되는데 수평의 담배 연기 고리 같은 소용돌이가 씨앗의 하강 속도를 크게 낮춘다. 소용돌이가 형성되려면 털 가닥의 수는 언제나 90~110개이어야 하고 간격도 일정하게 유지되어야 한다. 날아가는 민들레 홑씨를 잡으면 소원이 이루어진다는 미신도 이런 진화의 경이로움에서 왔을 것이다.

민들레 줄기와 특히 뿌리에는 끈적한 하얀색 유액이 들어 있는데, 상처가 생기면 그 부위를 봉합하기 위해 배어 나와 응고된다. 민들레 유액과 고무나무 유액은 놀라울 정도로 비슷하다. 특히 카자흐스탄에 자생하는 러시아민들레*Taraxacum koksaghyz*는 유액을 어지간히 많이 만들어서 1930년대에 러시아 사람들은 670제곱킬로미터의 동유럽 땅에 민들레를 심고 그 유액을 받아 고무를 생산하는 데 성공했다. 제2차 세계대전 이후 아시아의 고무 공급이 안정되면서 민들레 고무는 경제성 문제로 인기가 떨어졌으나 최근 열대림에 대한 압력이 증가하면서 유럽과 미국에서는 생산량이 높은 러시아민들레 교배에 열을 올리고 있고, 이미 민들레 고무로 만든 타이어가 시장에 나왔다.

19세기 프랑스에서 서양민들레의 길쭉하고 톱니가 있는 잎으로 만든 샐러드는 인기가 좋았고, 약한 이뇨 성분 때문에 '오줌싸개'라는 귀여운

별명으로 불렸다. 프랑스인들은 여전히 민들레 잎으로는 샐러드를, 뿌리로는
'커피'를, 그리고 꽃으로는 톡 쏘는 젤리인 크라마요트를 만든다. 그러나
민들레를 가슴으로 받아들인 곳은 에스토니아다. 그곳에서 민들레는 지역
민속과 전통의 일부이며, 민들레 축제가 열리는 것은 당연하다.

　　아이들은 둥근 민들레 씨앗의 기하학적 대칭성과 씨앗을 몇 번 만에 다
불어 낼 수 있는지 세는 단순한 즐거움 때문에 민들레를 좋아한다. 어쩌면
누군가는 문득 길을 걷다 민들레가 유쾌하지 않은 웬만한 잡초들보다 훨씬
많다는 것을 새삼 깨달을지도 모르겠다.

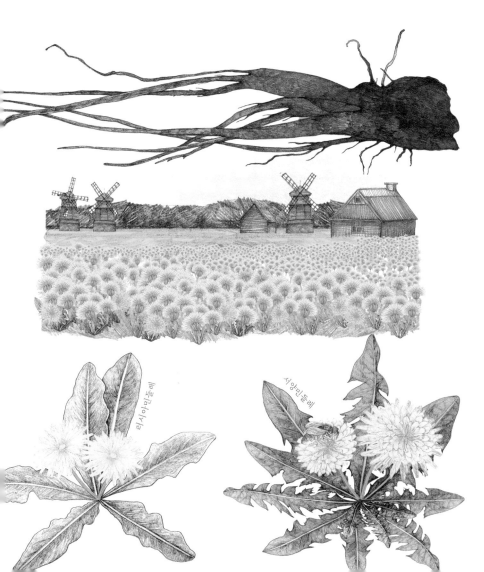

러시아민들레

서양민들레

사프란 Saffron Crocus

Crocus sativus

사프란은 태양을 찾아 헤맨다. 발목 높이까지 오는 약 80종의 크로커스속 식물이 모로코에서 중국 서부까지 즐거운 색채의 향연을 펼치지만, 주요 분포지는 터키와 발칸 지역이다. 오늘날에는 이란이 사프란의 주요 생산국이나 품질은 스페인을 최고로 친다. 스페인에서 이 향신료는 9세기에 무어인들이 도입한 이후로 계속 재배되었고 실제로도 사프란이라는 이름은 아라비아어로 노란색이라는 뜻의 'zaffaran'에서 왔다. 사프란 꽃잎은 경쾌한 보라색인데 노을처럼 샛노란 꽃가루를 품은 수술과 버건디색의 암술머리와 크게 대비되어 눈길을 끈다. 사프란의 암술은 다른 꽃에서 날아온 꽃가루를 잘 붙잡게 진화했고, 바로 이 암술머리로 향신료를 만들지만, 사실 생식 기관으로는 쓸모가 없다. 수천 년 전 어느 운 좋은 식물학적 혼인 덕에 세계가 사프란을 가지게는 되었으나, 유전적 이상을 동반하며 이 식물을 불임으로 만들었기 때문이다. 생존력 있는 씨앗을 만들지 못하는 사프란의 번식은 알줄기를 부지런히 쪼개어 심는 농부들의 손에 달렸다.

기원전 1600년경 미노스 문명의 프레스코화에는 사프란을 수확하는 장면이 그려져 있는데, 수확하는 이들은 다름 아닌 훈련된 원숭이들이다. 이는 화가의 희망 사항일 수도 있고, 추위 속에서 몇 시간씩 무릎과 허리를 굽히고 수확하는 사람들을 향한 연민이 투영된 것일 수도 있다. 실제로 사프란은 오늘날에도 직접 손으로 수확한다. 가을에 2주간 꽃을 피우는데, 가장 좋은 향을 얻으려면 꽃이 열리고 몇 시간 안에 따야 한다. 사프란꽃은 그다지 크지 않고 특히 암술머리는 아주 작기 때문에 1킬로그램을 생산하는 데 15만 송이를 모아야 한다. 사프란이 세계에서 가장 값비싼 향신료인 것도 이해가 간다. 수작업으로 암술머리를 꼬집어 떼어 내는 일은 지루하기 짝이 없는 반복 작업이지만 여럿이 탁자에 둘러앉아 도란도란 이야기를 나누며 일할 때는 시간 가는 줄을 모른다.

이렇게 떼어 낸 암술머리를 잘 말린다. 이때 낮은 열을 가하면 효소의 작용으로 피크로크로신이라는 쓴맛을 내는 곤충 퇴치용 화학 물질이 분해되어 사프라날로 바뀌는데 이 물질이 바로 사프란의 고유한 향을 낸다. 사프란의 향을 건초에 비유하기도 하지만 그건 성의 없는 표현이다. 사프란은 길고 뜨거운 여름날 초원의 마른 풀 위에서 청하는 낮잠이다. 그리고 부드러운 빗방울이 따뜻한 건초 위에 내려앉을 때 발산하는 촉촉한 향기에 더 가깝다. 그러나 날카로운 사향 냄새처럼 묘한 매력도 숨어 있다.

초기에는 사프란이 대부분 의약품으로 쓰였다. 염증, 천식, 백내장을 치료하거나 자연 유산을 유도하고, 심지어 숙취를 해소하는 데에 쓰였다. 사프란이 전투에서 입은 상처를 치유한다고 믿은 알렉산드로스 대왕이나, 홀과 극장을 방문할 때면 미리 사프란을 넉넉히 뿌려 두라고 지시한 로마의 네로 황제 같은 애호가들이 있었다.

사프란은 욕망을 키우는 데에도 사용되었다. 클레오파트라는 색감과 미용에 좋다는 이유로 사프란을 목욕물에 넣었지만, 무엇보다 사프란은 육욕적 만남을 성공적으로 이끌었다. 『아라비안 나이트』에 따르면 사프란은 여성을 황홀하게 만든다. 들쥐를 대상으로 사프란의 최음적 특성을 연구한 최신 결과에 따르면 인간에게 시험해 볼 여지는 있는 것 같다. 그러나 사람들이 사랑의 미약이라고 믿어 의심치 않는 모든 물질이, 특히 아주 고가라면 보통은 효과가 있다는 사실을 기억하는 게 좋겠다.

14세기 유럽에서는 사프란이 림프절 페스트의 예방과 치료에 효능이 있다는 소문이 돌면서 이미 높을 대로 높은 가격이 더 치솟았고, 해적과 사기꾼들까지 끼어들었다. 이동 중인 상인들이 매복 습격을 당했고, 지중해에서는 베네치아와 제노바로 향하는 화물이 도난당했다. 불순물을 섞은 저질의 사프란을 제조하는 사람들이 나타났는데 발각되면 벌금을 내거나 감옥에 갇혔고, 독일에서는 사형당하기도 했다.

1470년대에 교황의 사서였던 플라티나는 활자를 사용해 최초로 요리책을 인쇄했다. 그 책에는 달걀노른자 30개, 계피, 송아지 육즙, 설익은 포도로 만든 사프란 육수가 있다. 오늘날 사프란은 부야베스와 파에야의 호화로운 심장이고 풍성한 아이스크림이자 부드러운 스웨덴 빵이다. 한편, 따뜻한 우유에 꿀과 사프란을 살짝 넣는다면 쌀쌀한 밤도 황금색 찬란한 빛으로 채워질 것이다.

스페인

토마토 Tomato

Solanum lycopersicum

토마토는 화학적 방어 물질로 이름난 가짓과 일원이다. 벨라돈나풀이나 담배 등 많은 가짓과 식물에 독성이 있고, 심지어 감자(152쪽 참조) 같은 식용 식물에도 독이 든 부위가 있다. 토마토의 경우 알싸한 향기를 지닌 잎에 알칼로이드 성분이 있어 먹지 않는 것이 좋다.

마법사의 모자처럼 생긴 귀여운 노란 꽃은 벌과 아주 특별한 관계에 있다. 꽃밥이 서로 들러붙어 좁은 관을 형성하는데, 적당히 흔들어 주어야만 그 끝의 좁은 틈으로 꽃가루를 방출한다. 바람에도 꽃가루가 날리긴 하지만, 토마토 꽃밥은 특히 진동에 잘 반응하고 호박벌이나 어리호박벌이 꽃에 들러붙은 채로 날개 근육을 움직이는 진동에 적응해 진화했다. 이때 곤충의 날갯짓 속도가 매우 중요하다. 꽃을 붙잡은 호박벌의 날갯짓은 평소 비행할 때보다 그 진동음이 훨씬 높아 4옥타브 도음까지 올라가는데, 이 음이 꽃가루를 떨어내기에 가장 적합하다. 꿀벌의 날갯짓은 이 음을 내지 못한다. 이런 식의 꽃가루받이를 진동 수분이라고 부르고, 대부분 토마토 농가에서는 사육된 호박벌들이 이 서비스를 수행한다.

개량된 토마토는 작은 관목 또는 기는 덩굴로, 지지대가 있으면 머리 높이 이상으로 자란다. 우리가 먹는 이 둥근 것을 과일로 보느냐 채소로 보느냐는 생각하기 나름이다. 토마토는 얇은 껍질에 과육성 외벽, 가운데 심, 그리고 씨를 둘러싼 질척한 젤리(아이들이 유난히 싫어한다)로 되어 있다. 식물학적으로 보자면 저 씨들 때문에 토마토는 과일이다. 정확히 말하면 블루베리나 포도처럼 여러 개의 씨가 들어 있는 장과류다. 하지만 과일로 보기에는 단맛이 부족하고 익히면 특유의 감칠맛이 난다. 초기 토마토 요리법을 보면 토마토에 크림과 설탕을 섞거나 또는 와인을 빚어서 마셨다. 1893년 미국 대법원은 (과학적인 이유가 아니라 경제적인 이유에서라고 솔직히 인정하면서) 토마토는 채소이고 따라서 수입 관세를 물어야 한다고 판결했다.

토마토의 기원은 모호하다. 아마도 남아메리카의 남서 해안에서 제멋대로 자라는 덩굴에 달린 야생 콩만 하던 열매가 교배되어 체리만큼 커지고, 다시 새나 무역상들을 통해 중앙아메리카로 확산된 다음 그곳에서 더 큰 열매로 개량되었을 것이다. 이 재배종은 모양이 납작하고 골이 패긴 했지만, 마야인들이 '불룩한 것'이라는 뜻에서 '토마틀'이라고 부를 정도로 내용물이

충실했다. 1519년에 멕시코에 도착해 아즈텍을 정복한 에르난 코르테스 원정대가 기술한 당시 문서에는 몇 세기 동안 재배된 갖가지 모양과 색깔의 토마토 품종들이 등장한다.

스페인어로 토마토는 나와틀어 그대로 '토마테tomate'다. 그러나 이탈리아에서는 바다를 건너온 이국적인 물품에 '무어인의Moorish'라는 말을 붙였고 이후 널리 재배되면서 토마토는 '무어인의 과일'이라는 뜻의 '포모 디 모로pomo di moro'라는 별명을 얻었다. 프랑스어로 토마토는 '사랑의 사과pommes d'amour', 영어로도 19세기 중반까지 '사랑의 사과'로 불렸다(현대 이탈리아어에서 토마토는 'pomo di moro'의 줄임말인 'pomodoro'이고, 초기 토마토는 대개 노란색이었음에도 '황금 사과pomo-d'oro'라고 부르지는 않았다).

토마토는 차츰 유럽 전역에 퍼졌다. 16세기 중반에 이탈리아 박물학자이자 의사인 피에트로 안드레아 마티올리는 토마토를 소금, 후추와 함께 기름에 요리하라고 제안하면서도, 동시에 맨드레이크(또 다른 가짓과 식물, 52쪽 참조)처럼 독성이 있고 두려운 초자연적 연관성이 있는 식물로 보았다. 안타깝게도 영국인 존 제라드는 이탈리아와 스페인 사람들이 문제없이 토마토를 먹는 것을 보고서도 끝내 의심을 버리지 못했고, 1597년에 출간한 『약초도감』에서 토마토는 독성이 있고, '악취가 나는 맛'이라고 했다. 이 오명은 너무 널리 퍼져서 결국 토마토는 2백 년이나 영국에 발을 들이지 못했고, 19세기 초반까지도 호기심과 기이한 아름다움을 위해서만 재배되었을 뿐이다.

반면에 미국에서는 토마토로 만든 만병통치약이 인기를 끌면서 건강식품으로 주목받았고, 1830년대에 유명인들이 홍보하고 신문에서 우호적인 기사를 내면서 건강하고 맛있는 채소로 크게 각광받았다. 1845년에 잡지 『프레리 파머』는 토마토 와인까지 추천했고 특히 '간의 광기'에 좋다고 선전했다.

19세기 말 이후로 교배와 재배가 많이 이루어지면서 수천 종의 토마토 품종이 생겼다. 야생의 에어룸 토마토는 누런색에서 음울한 보라색까지 총천연색을 자랑하고 병아리콩부터 주먹만 한 토마토까지 크기도 다양한데, 맛이 한결같거나 부족함이 없다고 말할 수는 없지만 토마토의 다양성과 풍미를 제대로 대표한다. 또한 야생 토마토는 병충해 저항성이나 내한성 같은 형질의 귀중한 유전자원일 뿐 아니라 훌륭한 맛의 원천이 될 수도 있다. 대량 생산되는 토마토는 수확량이 많고 기계적으로 수확되며 생김새도 완벽하지만, 안타까울 정도로 맛이 없거나 일차원적인 단맛뿐이다.

어떤 품종이든 토마토는 덩굴에 달린 채 완전히 숙성했을 때 가장 맛있다. 그러나 취급 과정이나 장거리 운송에 견디려면 단단하고 초록색일 때 따야 한다. 그리고 나중에 에틸렌 가스로 처리해 인위적으로 숙성시킨다. 에틸렌 가스는 식물이 숙성 호르몬(크리스마스나무, 131쪽 참조)으로 사용하는 천연 화학 물질이지만 우리는 석유에서 추출한다. 토마토 숙성 시기를 인위적으로 조절하기 위해 많은 시험이 이루어졌다. 그 결과 진동에 반응하는 것은 토마토꽃만이 아니라는 놀라운 사실을 발견했다. 수확된 토마토에 큰 소리를 (실험에서는 6옥타브 도를 6시간 동안 틀어 놓았다) 들려주었더니 숙성이 최대 6일이나 지연되었다. 놀랍게도 진동은 열매가 에틸렌을 생성하는 과정에 영향을 미치는 것 같다.

토마토를 유럽에 소개한 스페인은 이 열매에 대한 사랑이 지극하다. 스페인의 국민 아침 메뉴인 '판 콘 토마테'는 빵에 마늘을 바르고 톡 쏘는 올리브유를 뿌린 다음 신선한 토마토를 다져서 올리는 것인데 정말 맛있다. 토마토에 대한 스페인 사람들의 자부심은 라 토마티나^La Tomatina라는 여름 축제에서 정점에 이른다. 1945년부터 매년 스페인 남동부 발렌시아주의 부뇰에서 열리는 토마티나는 과연 스페인다운 축제다. 대형 트럭이 잘 익은 토마토 수천 톤을 싣고 와 중앙 광장에 쏟아부으면 대강 둘로 나뉜 무리가 서로에게 토마토를 던지면서 대단히 관능적인 다홍색 난장판을 만든다. 이 많은 토마토를 보고 중앙아메리카가 정복되는 과정에 흘린 피를 떠올리지 않기는 힘들 것 같다.

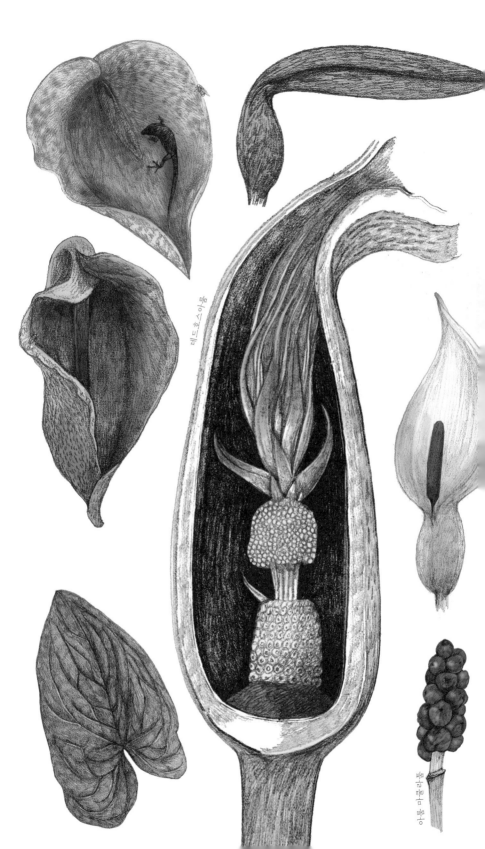

앉은부채

아룸이딕룸

데드호스아룸 ^{Dead-horse Arum} & 아룸 마쿨라툼 ^{Cuckoo-pint}, 디펜바키아 ^{Dumb Cane}, 셀로움 ^{Selloum}

Helicodiceros muscivorus 외

낯설고 반항적이며 심지어 외설적이기까지. 천남성과 식물에 밋밋한 구석이라고는 찾아볼 수 없다. 이 식물들은 화서를 보면 쉽게 구별할 수 있다. 우뚝 솟은 육수화서 주위로 변형된 한 개짜리 불염포가 망토처럼 둘러싼다. 수많은 작은 홑꽃들이 뒤덮은 꽃차례는 열을 발산해 냄새를 잘 퍼트린다. 이 냄새라는 게 어떤 것은 달콤하고 향기롭지만, 솔직히 역겨운 것들도 있다.

코르시카, 사르데냐 등 지중해 섬들의 해안가를 따라 화강암 틈새에서 낮게 자라는 데드호스아룸은 악의 없어 보이는 얼룩진 초록색 불염포가 벌어져 지옥 같은 내부를 드러낸다. 꽃가루받이와 생식을 책임지는 검정파리를 유혹하려고 감히 세계에서 가장 역겹다고 불릴 만한 식물이 되기로 자처한 모양이다. '죽은 말 천남성^{dead-horse arum}'이라는 영어명에 걸맞게 죽은 고기가 되는 것을 두려워하지 않는다. 어쩌면 라플레시아(126쪽 참조)보다도 더 심한 이 꽃의 악취는 가히 상상을 초월한다. 고깃덩어리처럼 붉은 색깔의 불염포 표면에 벌겋게 곪은 여드름 같은 반점은 영락없는 상한 고기의 그것이다. 주변에는 이미 끼니를 먹으러 몰려든 파리들이 눈에 띈다. 털투성이 표면은 방문객들을 인상적인 곳으로 안내하는데, 데워진 육수화서가 꼭 동물의 꼬리처럼 보이는 꽃의 기부에 눅눅하고 어두컴컴한 파리의 천국이 있다. 부패한 시체의 털 달린 항문을 꼭 닮은 그곳에 뭣도 모르고 알을 낳는 파리도 있지만, 부화한 구더기는 먹을 것이 없어 굶어 죽는다. 안쪽의 특별실까지 도달한 파리들은 일단 발을 들이면 가로로 된 수술대에 의해 갇혀 버린다. 며칠이 지나 파리가 다른 꽃에서 들고 온 꽃가루로 암꽃을 수정하면, 그제야 수꽃이 신선한 꽃가루를 생산해 파리에게 잔뜩 묻히고 덫을 풀어 준다. 이 식물이 꼬실 수 있는 건 파리뿐이고 다른 대형 포유류들은 우리 못지않게 썩은 고기를 싫어하기 때문에 이 꽃을 피해 다닌다. 단, 출출한 릴포드장지뱀만큼은 따뜻한 불염포에서 대기하다가 식물이 꼬여 낸 검정파리를 느긋하게 낚아채고, 호의에 대한 대가로 이 식물의 씨를 먹고 퍼뜨려 준다.

아룸 마쿨라툼*Arum maculatum*은 데드호스아룸과 형태가 거의 동일하지만 무조건 환영할 만한 식물이다. 북유럽의 따뜻한 지방에서 종아리 높이까지 자라는 이 흔한 숲 지대 식물은 실질적으로 인간의 코에는 냄새가 나지 않기 때문이다. '뻐꾸기거시기cuckoo-pint'라는 영어명은 남자의 성기를 상징하는 백여 개의 식물 이름 중 하나인데, 앵글로색슨족 언어로 '생동감 있는 남성의 부속물'에서 왔다. 고깔 같은 초록색 불염포는 수직으로 서 있는 작은 고동색 육수화서를 따뜻하게 감싸 안으며 꽃가루받이를 해 줄 깔따구를 끌어들인 다음 꼼짝없이 하룻밤을 머물게 한다. 늦은 여름이면 튼튼한 꽃대에 달린 주홍색 씨앗에 새들이 이끌려 온다. 식물 전체가 인체에 독성이 있지만, 탄수화물이 많은 덩이줄기만큼은 19세기 영국 남서부 도싯 지방에서 옷소매와 깃의 심지로, 또 밀크 푸딩의 증점제로 재배된 이후 구워서 '포틀랜드 사고(전분)'로 팔렸다.

습기가 많은 열대 아메리카 자생인 디펜바키아Dieffenbachia는 독특한 얼룩무늬 잎 때문에 화분용 식물로 인기가 많지만, 사실 동거하기에는 좀 위험한 측면이 있다. 독성과 자극성이 있는 방어 물질 외에도 특별히 압축된 세포에는 바늘처럼 미세한 침상 결정이 들어 있다. 줄기를 씹으면 이 바늘들이 입속의 점막을 쏘아 독이 빠르게 스미고 즉시 격렬한 통증을 유발한다. 끔찍한 일이지만 디펜바키아는 노예 제도가 있던 시기에 북아메리카에서 형벌과 고문 도구로 사용되었다. 이 식물을 씹었다가는 목과 혀가 부어 말을 하지 못하는데, 그래서 미국에서는 여전히 '벙어리 회초리'로 더 잘 알려져 있다.

남아메리카 숲속에서 셀로움Philodendron bipinnatifidum과 아룸 마쿨라툼은 호랑이와 고양이의 관계에 빗댈 수 있다. 제멋대로 자라 헝클어진 이 식물은 눈알 패턴의 줄기 위로 잎이 높게 자란다. 소용돌이치는 초록색 불염포가 수천 개의 작은 크림색 꽃으로 뒤덮인 팔뚝 크기의 당당한 육수화서를 감싼다. 놀랍게도 해가 질 무렵에 이 꽃은 섭씨 약 40도까지 온도가 올라갔다가 밤이 되어 주위의 공기가 섭씨 5도로 떨어져도 30분 정도는 따뜻한 온도를 유지할 수 있다. 이것은 식물이 녹말이나 당분 대신 동물처럼 지방을 태워 열을 생성하는 굉장히 인상적인 발열 능력이다. 무게당 계산했을 때 셀로움꽃은 벌새의 유별나게 빠른 신진대사에 견줄 수 있고, 차가운 저녁에 육수화서 하나가 작은 개 한 마리의 에너지를 생산한다고 생각하면 된다. 셀로움은 바닐라와 후추, 그리고 장뇌의 강한 향기를 풍기는 황혼의 등불이다. 풍뎅이들이 여기에 거부할 수 없이 이끌린다. 일단 이 식물의 응접실에 몸을 들이는 순간 강제로 환대를 받아들여 하룻밤 묵고 갈 수밖에 없다. 열정적인 풍뎅이들은 보양식을 먹고 온기 속에서 사랑을 나눈 다음, 아침이 되면 끈적거리는 진을 바르고 꽃가루를 온몸에 묻힌 채 길을 떠난다. 천남성과 식물들은 진정한 배후 조종자들이다.

디펜바키아

셀로움

맨드레이크 _{Mandrake}

Mandragora officinarum

신화 속 식물이라는 오해와 달리 맨드레이크는 완벽하게 실재하고 이 식물을
둘러싼 기이한 미신들 역시 어느 정도 과학적 근거가 있다.

건조한 지중해 남부와 중동에서 자생하는 맨드레이크는 혈기 왕성한
가짓과 식물로, 종 모양의 탁한 라벤더색 꽃이 상추 같은 어두운 잎 기부에
고혹적으로 자리 잡았다. 잎은 땅에 바짝 붙어 납작한 로제트(*지면 가까이
둥글게 펼쳐진 잎)를 형성한다. 호두 크기에 반짝반짝 둥근 맨드레이크 열매는
어수선하게 모여 달리고, 익으면 라임 그린색에서 진한 황금색으로 바뀌는데,
오래가지는 않지만 사향 냄새가 난다. 이 독특한 향 덕분에 맨드레이크는
성경에 춘약으로 등장한다. 에로틱한 「아가서」는 물론이고 「창세기」에서도
자식이 없는 라헬이 남편 야곱의 애정을 되찾기 위해 언니에게 맨드레이크를
요구하는 장면에서 불쑥 등장한다.

무심코 맨드레이크를 씹어 먹는 일은 없어야 한다. 이 식물은 모든
부분, 특히 뿌리에 트로판 알칼로이드라는 강력한 약물 성분과 독성이 들어
있다. 맨드레이크 안에서 혼합된 이 물질은 고통을 망각하게 하고 잠을
불러오지만 환각과 섬망을 일으키고 심하면 의식 불명이나 사망에 이를
수도 있다. 이 식물의 진정 효과는 고대로부터 잘 알려졌다. 카르타고의 장군
한니발은 영리하게도 맨드레이크를 전쟁 무기로 사용했다. 그는 퇴각하는
척하면서 맨드레이크를 탄 포도주 통을 남겨 적들이 마시게 했다. 젊은
율리우스 카이사르도 같은 방법으로 해적들로부터 탈출했다. 마취라는 뜻의
'anaesthesia'라는 단어는 기원후 60년, 그리스 의사 디오스코리데스가 수술
중에 맨드레이크 와인을 환자에게 마시게 한 기록에서 처음 사용되었다.

깊게 갈라진 뿌리가 당황스러울 정도로 인간의 형체를 닮았고(살짝 다듬고
곡물의 낟알로 눈을 붙이면 영락없다), 악령이 깃든 광기를 불러온다는 이 식물은
분명히 초자연적 실체였다. 고대 그리스에서 맨드레이크에는 신화적인 힘이
있었다. 여자 마법사이자 마녀인 키르케는 율리시스의 동료들을 유혹하기 위해
맨드레이크를 사용했다. 기원전 300년쯤 그리스 박물학자 테오프라스토스는
맨드레이크 뿌리가 성적인 것과 연관된 신비롭고 강력한 치료제라는 것을
알았다. 그가 보고한 맨드레이크 수확 방법은 복잡하기 짝이 없다. "칼로 주위에
동그라미를 세 번 그리고 얼굴을 서쪽으로 향한 채 잘라 낸다. 그동안 춤을

멈추지 말고 사랑의 신비를 노래하라."

4, 5세기에 식물학 저자인 위僞 아풀레이우스는 맨드레이크가 어둠 속에서 빛을 발하면서(향기가 야광충을 끌어당기기 때문에) 땅을 찢고 나올 때 지르는 악마의 비명을 듣지 않으려면 이 식물의 줄기에 개를 묶어 뿌리째 뽑아야 한다고 진지하게 제안했다. 이러한 미신은 맨드레이크를 마취제로 오용하면서 견고해졌을 것이다. 9, 10세기에 맨드레이크, 헴록, 아편 및 기타 약초로 만든 '최면성 스펀지'를 코 밑에 고정시켰다는 기록이 있다. 현대 연구에 의하면 맨드레이크를 흡입한다고 해서 통증이 줄어들지는 않는다. 그래서 비명을 지르는 환자의 (고통스러운) 소리는 진통 효과가 없는 이 식물을 진통제랍시고 사용한 결과일지도 모른다. 한편 악마가 깃들었다는 이야기는 맨드레이크가 사형수의 정자에서 발아했다는 황당한 소문과 함께 절도를 막고자 의도적으로 퍼트렸을 것이다. 맨드레이크가 그만큼 귀중한 상품이었기 때문이다. 이탈리아어로 '만드라고라'라고 부르는 맨드레이크의 범유럽 무역은 의학의 차원을 넘어섰다. 불행을 피하기 위한 부적으로 맨드레이크 뿌리를 모셔 두고 자식에게 물려주기까지 했지만 나쁜 이들의 손에서는 마귀의 도구가 되었다. 1431년 프랑스에서 잔 다르크에게 제기된 이단 혐의는 당시 마녀의 물건으로 널리 알려진 맨드레이크 뿌리를 소지하고 있었다는 주장으로 힘을 얻었다.

14~15세기의 몇몇 기록에서는 맨드레이크와 그 밖의 향정신성 식물을 동물성 기름과 함께 가루를 내어 만든 연고에 대한 이야기들이 나온다. 이 연고는 피부, 특히 몸의 점막을 통해 맨드레이크의 환각 성분이 잘 흡수되도록 촉진한다. 그중 하나인 하이오신을 섭취하면 자신이 날고 있다고 착각하게 되는데, 그렇다면 그렇게 많은 중세의 예술 작품에 빗자루를 타고 공중에 떠 있는 반쯤 벌거벗은 마녀가 등장하는 이유가 설명된다. 그 발상은 여전히 유효하다. 비록 마취제로서의 수명은 19세기 중반에 에테르와 클로로폼의 도입으로 끝이 났지만, 고대의 전통은 아직도 명맥을 유지한다. 1930년대에는 마법사 맨드레이크가 최초의 코믹북 슈퍼히어로로 등장한다. 1960년대 만드락스라고 불린 진정제는 화학 성분이 비슷한 다른 제품들과 함께 난잡한 성생활과 연관된 브랜드였다. 또한 오늘날 한 향수 제품은 '만드라고라'라는 이름을 이용해 주체할 수 없는 방종과 묘한 매력을 동시에 떠올린다. 수천 년간 그랬던 것처럼.

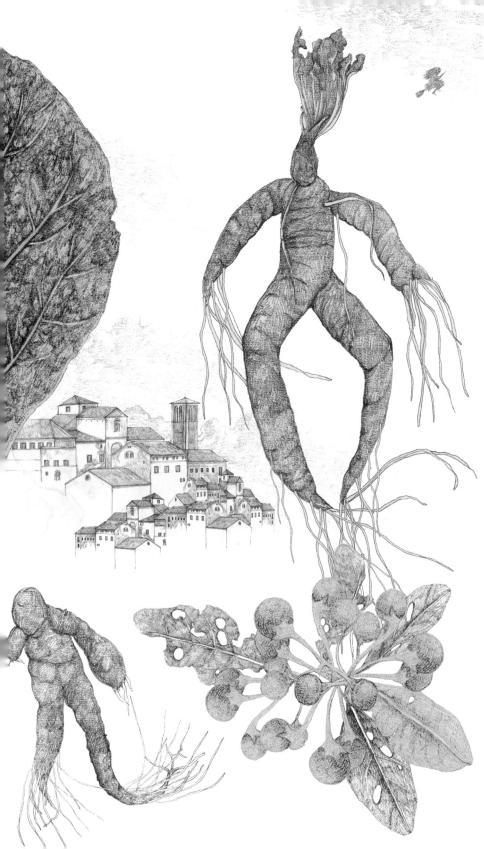

이탈리아

피마자 Castor Bean

Ricinus communis

키가 작달막한 나무로 열대 지방 전역에서 눈에 띄는 피마자(아주까리)는 원래 아프리카의 뿔(*에티오피아, 소말리아 등 아프리카 북동부 10여 개국)에서 자생하던 것을 당시 이국적인 식물을 수집하던 로마인들이 이탈리아로 가져와 저택에 장식용으로 심은 것이다. 온대 기후에서는 크고 팔팔한 관목으로 자라 도시의 꽃밭에 짜임새를 주고, 품종에 따라 풀색에서 가지색까지 형형색색의 아주 크고 반들거리는 잎으로 가치가 높다. 바람에 수분되는 꽃은 곤충을 끌어들이기 위해 굳이 밝은 꽃잎을 가질 필요가 없지만 적어도 열매는 즐거운 호기심의 대상이다. 뾰족해서 따가운 삭과는 산호색으로 완전히 익고 나면 폭발해 3개의 반짝이는 씨앗을 방출하는데, 무늬가 복잡해 설치류로부터 쉽게 몸을 숨긴다.

　자생 서식처에서 피마자는 개미와 서로 흡족한 관계를 진화시켜 왔다. 약 1센티미터 정도 되는 피마자 씨앗은 한쪽 끝에 작은 돌출부가 있는데, 이 개미씨밥에는 특별히 지방과 단백질이 풍부하다. 개미 떼는 씨앗을 둥지로 가져가 영양가 있는 지방 부분은 유충에게 먹이고 남은 씨앗은 근처 쓰레기 더미에 던져 버린다. 어린싹은 비옥한 비료 더미에 심어진 덕분에 삶의 출발이 순조롭다.

　독성과 부식성 화학 물질을 품고 있는 대극과의 구성원답게 피마자에도 리신이라는 물질이 들어 있는데, 세계에서 가장 치명적인 독극물로 알려졌다. 혈류에 들어가면 1그램의 1,000분의 1의 절반만 있어도 사람이 죽는다. 1978년 런던의 워털루 다리에서 불가리아 언론인이자 반체제 인사인 게오르기 마르코프가 개조된 우산에 달린 핀 머리 크기의 리신 캡슐이 다리에 주입되어 살해되었다.

　피마자 씨앗으로 피마자유를 만드는데, 주로 인도 북부에서 그 용도로 대량 재배된다. 다행히 리신은 기름 추출 과정에서 파괴된다. 피마자유는 약용, 특히 효과 만점의 설사약으로 자리매김한 4천 년의 역사가 있다. 피마자유의 전성기였던 19세기에는 이 효능이 널리 알려지면서 부모가 변비에 걸린 아이들에게 피마자유 한두 스푼을 다정하게 건네는 전통이 굳어졌다. 립스틱, 비누, 석유 같은 역겨운 맛 때문에 형벌의 도구로도 사용되었다. 요즘 같은 세상에 피마자유가 유행하지 않는 게 당연하다.

　근대에는 피마자유가 좀 더 사악한 용도로 사용되었다. 1920~1930년대에

피마자 ＊ 대극과

무솔리니의 파시스트 도당은 정적들에게 피마자유를 억지로 먹여 굴욕적이고
치명적이기까지 한 고문의 도구로 썼다. 많은 나라의 노년층에게 아이들을
키우던 과거의 추억을 불러일으킨 식물이지만 안타깝게도 이탈리아에서는
'피마자유를 쓴다'는 말이 여전히 '강압' 또는 '학대한다'는 의미로 받아들여지는
불편한 상징이 되었다.

피마자 ＊ 대극과

이탈리아

아티초크 ^{Artichoke}

Cynara cardunculus

야생에는 아티초크가 없다. 아티초크는 고대로부터 줄기를 식용으로
써온 엉겅퀴류의 당당한 일원인 카르둔을 중세 시대에 개량한 식물이다.
아티초크라는 독특한 일반명은 유럽에서 이 식물을 들여온 무역상들이 사용한
아랍어에서 유래했다. 한편 라틴 학명은 하찮은 잘못으로 제우스가 식물로
만들어 버린 키나라^{Cynara}와 연관되어 있다.

　이제 막 마릴린 먼로라는 이름으로 활동하기 시작한 신인 여배우 노마
진 모턴슨은 1948년에 캘리포니아 캐스트로빌에서 캘리포니아주 최초의
아티초크 여왕으로 뽑혀 재배 농가를 찾거나 어깨에 띠를 두르고 사진을
찍었다. 시장 제도를 적극적으로 지지했던 캐스트로빌은 현재도 아티초크
축제를 개최하고, 세계에서 가장 큰 콘크리트 아티초크를 세웠다. 이 작은
마을은 현대판 미신을 창조하면서 자칭 '세계 아티초크 센터'가 되었다.
이탈리아가 미국 전체 생산량의 8배를 재배하지만 말이다.

　식물로서의 아티초크는 잘 발달한 굵은 줄기에 머리 높이까지 자라고
깊이 팬 청록색 잎이 달렸다. 두상화서를 이루는 꽃은 가죽질의 포(*안쪽에
자라는 꽃을 보호하기 위해 개조된 잎)에 싸여 있다. 꽃을 피우게 놔두는 일은 거의
없지만, 원래는 주먹 크기의 청색기가 도는 화려한 보라색 꽃을 피우며 달콤한
향기가 오래 지속된다. 자세히 보면 화서가 희미하게 반짝이는 수백 개의 작은
꽃송이로 되어 있다.

　꽃을 통째로 물에 담그면 우유를 응고시키는 효소를 추출할 수 있다.
이 효소로 만든 스페인과 이탈리아의 전통 치즈는 부드러운 버터 같은
질감에 은은하게 감도는 기분 좋은 쓴맛이 있다. 이 효소는 레닛을 기피하는
사람들에게 바람직하다. 레닛은 송아지의 위에서 추출한 응고 효소로, 치즈를
만들 때 일상적으로 많이 쓰인다.

　아티초크는 대부분 꽃봉오리가 채 열리기도 전에 따서 먹는다. 아티초크
하트라고 부르는 가운데 심 부분을 오렌지와 함께 구워 먹으면 가장 맛이 좋다.
또는 통째로 찐 다음 녹인 버터를 넉넉히 곁들이면, 포는 사람들과 어울려
어지르며 먹기 좋고, 마지막 비밀에 도달하면 아티초크의 부드러운 심장이
세상을 좀 더 상냥하게 만들어 준다. 아티초크의 독특한 화학 작용이 혀를
혼미하게 만들어 나중엔 밍밍한 물조차 달콤하게 느껴진다.

은매화 Myrtle

Myrtus communis

관목인 은매화의 빛나는 가죽질 잎은 여름에는 뜨겁고 건조하고 겨울에는 비가 내리는 지중해 마키(*코르시카섬의 관목림을 뜻한다) 식생의 전형적인 특징이다. 현란하게 피는 흰색 꽃의 달콤한 향은 길고 연한 수술이 폭발해 노란 꽃가루가 윙크를 보내는 지점까지 호박벌을 안내한다. 열매는 검은색에 가까운 푸른색이고, 로즈메리, 향나무, 소나무 향이 난다. 현지 사람들은 은매화 열매를 술과 요리에 풍미를 더하는 데 사용하고, 이에 질세라 울새, 검은머리명금, 솔새류 등의 새들이 열심히 먹어 댄다. 열매에 들어 있는 씨앗은 새들의 소화관을 통과하며 살짝 마모된 채로 비료가 될 배설물과 함께 배출되면 싹이 더 잘 난다.

그리스 신화의 파이드라는 은매화 나무에 앉아 히폴리토스가 말을 훈련하고 돌아오길 기다리다가 지루한 나머지 머리핀으로 나뭇잎에 구멍을 뚫었다는데, 그래서 그런지 빛을 받은 잎사귀는 바늘로 구멍 낸 것처럼 작고 밝은 점들이 반짝거린다. 사실 이 점들은 초식 동물이 잎을 먹지 못하게 하는 화합물을 만들고 저장하는 지방샘이다. 또 다른 무기는 잎에 난 붉은 점인데, 실제로는 그렇지 않지만 보기엔 뻣뻣하고 날카롭다. 은매화는 베이림, 티트리, 올스파이스 등 향이 강한 잎이 특징인 도금양과 식물 중에서 유일하게 유럽에 사는 종이다. 손가락으로 비비면 이내 발산되는 강렬한 향은 유칼립투스(또 다른 도금양과 식물) 같으면서도 좀 더 산뜻하고, 한편으로는 복잡하고 자극적인 유화 캔버스가 떠오른다.

그리스와 로마인들은 상록성인 은매화를 불멸, 다산, 영원한 사랑과 연관 지어 아프로디테와 베누스에게 바쳤고, 결혼식 화관과 승리의 화환으로 사용했다. 4천 년 전 수메르인이 쓴 『길가메시 서사시』를 보면 은매화는 당시 메소포타미아에서 희생제에 사용되었다. 수천 년 동안 은매화는 기독교와 이슬람교, 유대교와 조로아스터교까지 실질적으로 지중해 동부와 중동의 모든 문화와 종교 전통에 통합되었다. 이것이 어쩌면 우연만은 아닐 것으로, 이 문화들이 뿌리를 공유하고 있으며 서로에게 많은 영향을 끼쳐 왔다는 사실을 상기시킨다. 이 지역 사람들은 어쩌면 생각보다 훨씬 많은 공통점을 갖고 있을지도 모른다.

민감초 ^{Liquorice}

Glycyrrhiza glabra

유라시아와 지중해 동부 지역에서 자생하는 기운찬 덤불성 관목인 민감초는
이 지역에서 흔하게 재배된다. 담자색과 흰색 꽃의 원뿔 첨탑에 손톱만 한
꽃이 지고 나면 병 닦는 갈색 솔처럼 거칠거칠한 꼬투리 다발이 열린다. 솎아진
꼬투리가 부드러운 털을 잃으면 확실히 완두콩과 비슷한 종류로 보인다.
민감초의 연한 회갈색 뿌리와 긴 지하 줄기는 안이 노란색이다. 거기에는
아니스의 맛이 나는 아네톨과 설탕보다 50~100배는 더 단 글리시리진이 들어
있는데, 입안에서 천천히 퍼지지만 더 오래 지속되는 단맛이다.

민감초는 메소포타미아, 중국, 고대 이집트와 인도, 그리고 그리스, 로마의
모든 고대 의학 자료에서 언급된다. 전통적으로 기침과 감기를 다스리고
천식과 소화 불량을 완화하며, 약한 변비약으로도 사용되었다. 고대 그리스어로
감초는 'glykyrrhiza'인데, 'glykys'는 달콤하다는 뜻, 'rhiza'는 뿌리라는 뜻에서
유래했다. 로마에서도 같은 뜻으로 'radix dulcis'라고 불렀다. 14세기 무렵에
민감초는 유럽에서 흔하게 재배되었고 단맛과 기분 좋은 냄새의 동의어로
쓰였는데, 당시엔 귀하고 바람직한 특성이었다. 제프리 초서의 『캔터베리
이야기』에는 '자신을 감초 뿌리처럼 달콤하다'고 생각한 점원과, 구애하러
가면서 '달콤한 향내를 풍기기 위해 향료와 감초를 씹은' 남성이 나온다.

초서에게 익숙한 감초 뿌리는 요즘에도 건강식품 가게에서 구할 수 있지만,
대부분은 추출액 형태로 쓰인다. 말린 뿌리를 으깨어 끓이면 색깔의 변화가
인상적이다. 그 결과물인 잉크색의 곤죽을 걸러서 다시 끓인 다음 그 추출물을
담배, 껌, 구강 청결제, 수제 흑맥주, 루트비어 같은 음료에 맛과 향을 내는 데
사용한다. 또한 설탕, 물, 젤라틴, 밀가루와 섞으면 된 반죽이 되는데 그것을 잘
빚고 굳혀서 달콤한 검은색 감초 사탕을 만든다.

중동에서 십자군과 함께 영국에 들어온 감초는 클뤼니파 수도사들이 영국
북부 폰테프랙트에 있는 작은 수도원에 심고 키웠다. 폰테프랙트는 중요한 감초
중심지가 되어 엄청난 양을 수입한 것은 물론이고 자체 경작량까지 늘렸다.
제2차 세계대전 직전에 폰테프랙트는 수출을 차단했고 십여 개의 경쟁업체에서
9천 명의 직원이 일주일에 4백 톤의 사탕과 과자를 만들었다. 현재의 생산량은
과거에 비하면 극히 일부에 불과하지만 두 개의 공장에서 여전히 향수를
불러오는 인기 있는 감초 사탕을 만든다. 이 사탕은 기분 좋은 색깔의 반죽에

맛을 첨가한 옛날식 감초 사탕의 대체품이다. 또 검은 동전처럼 생겨 먹으면 혀가 시커멓게 되는 폰테프랙트 케이크도 여전히 생산된다.

감초는 특별히 스칸디나비아에서 인기가 좋은데, 보통 그곳에서는 맛이 아리고 짭짤한 염화 암모늄과 섞어서 제품을 만든다. 어린이에게는 주지 말라는 경고문이 붙은 이 '소금' 감초는 전형적인 북유럽 누아르로서 끔찍한 즐거움을 선사한다.

감초는 달콤함과 만족감의 대명사라 몸에 해로울 수 있다는 사실이 차마 믿기 힘들지만, 글리시리진은 결코 착하기만 한 물질이 아니다. 화상 부위에 바르면 약간의 차도가 있을지 모르지만, 검은 감초를 2주 동안 매일 소량만 섭취해도 신체의 호르몬 체계를 방해하여 고혈압, 심장 부정맥, 근육 약화를 일으킨다. 장복하면 경련과 일시적인 실명을 일으킬 수도 있다. 의학계는 하루 감초 섭취량을 계란 무게 정도로 제한하고 분명 매일 먹지 말아야 한다고 경고한다. 이 물질은 몸에서 제거되는 데 오랜 시간이 걸리기 때문이다. 핀란드에서는 임신한 여성은 아예 피하는 것이 좋다고 권고한다. 미량의 단맛이 문제를 일으키지는 않겠지만 정기적으로 섭취하면 조산 가능성이 커지며, 스트레스 호르몬이 태반을 통해 아기에게 전달되어 태아의 뇌 발달에 영향을 미치고 아이의 행동 장애와도 연관될 수 있기 때문이다.

초서가 죽고 6백 년이 지나 전설적인 록밴드 그레이트풀 데드의 제리 가르시아는 "우리는 감초 같은 존재다. 모두가 감초를 좋아하는 건 아니지만 감초를 좋아하는 사람은 미치도록 좋아한다"라고 말했다. 정확하다. 저들이야말로 각별히 조심해야 할 사람들이다.

이 스 라 엘

시트론 Citron

Citrus medica

가시투성이 작은 상록수인 시트론나무는 중국 원산이고, 기원전 600년경에
서양에 소개되었다. 감귤, 포멜로와 함께 진정한 원종의 하나로, 거기에서부터
오렌지나 자몽과 같은 다른 감귤류가 개량되었다. 레몬은 15세기 중반까지는
유럽에서 많이 재배되지 않았다.

　레몬에서 럭비공까지 크기가 다양한 시트론은 익으면 라임 그린색에서
황금 노란색으로 변하고, 대형 레몬이라고 해도 믿을 정도로 레몬과 닮았다.
향도 레몬과 비슷하다. 만지면 손에서 강렬한 향이 오래간다는 점에서 좀 더
압도적이지만. 가로로 자르면 레몬과의 차이는 더 확실해진다. 시트론 껍질은
거칠고 질기다. 그리고 맛이 별로 쓰지 않지만 껍질 안쪽의 흰색 중과피 층의
두께가 상당하다. 안쪽의 연한 초록빛이 도는 노란색 과육은 전체 열매 크기의
5분의 1에 불과한데 씨가 잔뜩 들어 있고 이상할 정도로 시큼함이 없다.

　기원전 300년에 그리스 철학자 테오프라스토스는 입 냄새 제거제, 그리고
옷나방 퇴치제로서 시트론의 효능을 언급했다. 그는 시트론을 '페르시아의
사과' 또는 당시 그 지역의 이름을 따서 메디아라고 불렀는데, 시트론의 라틴
학명도 의학과의 특별한 연관성 때문이 아니라 이 지역명에서 온 것이다.

　2천여 년 전에 유대인이 종교 의례에 사용하면서 시트론은 지중해
전역에 빠르게 퍼져 나갔다. 그리고 오늘날에도 모로코, 프랑스, 이탈리아에서
재배된다. 이스라엘에서도 널리 재배되며 그 지역에서는 '에트로그'라고
불리고 야자, 은매화, 버드나무와 함께 초막절이라는 즐거운 수확기 명절을
기념할 때 쓰인다. 대칭성과 완벽함을 바탕으로 축제에 쓸 가장 좋은 과일을
고르는 일 자체가 사회적 관습이 되었다. 한편 초막절이 끝나면 에트로그는
잼, 포맨더(향료 주머니), 가향 보드카에 사용된다. 다른 문화에서도 시트론을
종교 의식에 통합시켰다. 손가락이 여러 개 달린 것 같은 기이한 모양이 부처의
손을 닮았다고 해서 불수감이라고 불리는 시트론 품종은 동남아시아에서
불교도들이 종교 제물이나 향긋한 새해 선물로 주고받는다.

　시트론은 최근에 신맛이 강해 설탕을 많이 넣어야 하는 레모네이드의 대체
재료로 쓰이면서 되살아나고 있다. 시트론의 겉껍질은 유행하는 차에 들어가고,
껍질 전체를 설탕에 졸여 파네토네 같은 이탈리아 케이크에 넣거나 과감하게
초콜릿을 입히기도 한다.

예멘

몰약나무 ^{Myrrh}

Commiphora myrrha

키가 작고 울퉁불퉁 볼품없이 옹이 진 몰약나무는 아라비아반도와 아프리카의 뿔 지역의 바위투성이 사막에 잘 적응했다. 빈약한 잎은 작고 밀랍층이 덮여 있어 수분 손실을 줄인다. 그리고 날카로운 가시는 초식 동물로부터 식물을 보호한다. 종이질의 잘 벗겨지는 수피 아래에는 또 다른 보호 물질을 저장하는 특별한 관이 있다. 이 물질은 끈적거리고 반투명한 황색의 고무(물에 녹는다), 향이 나는 나뭇진(물에 녹지 않는다), 그리고 기름이 혼합된 것인데 나무껍질에 상처가 나면 배어 나와 흰개미 같은 곤충을 집어삼키거나 적어도 주둥이를 막게 한다. 또한 박테리아와 곰팡이를 죽이고 공기에 닿으면 굳어서 먼지 같은 적갈색으로 변해 상처를 봉합하고 감염원을 차단한다. 나무에 칼집을 내면 더 많이 배어 나오는데, 그렇게 받아서 굳힌 덩어리가 오늘날 상업적 가치가 있는 몰약이다(성경에 나오는 몰약은 에티오피아와 소말리아 원산인 콤미포라 귀도띠이*Commiphora guidottii*라는 비슷하지만 다른 종으로 여겨진다).

5천 년 전 낙타 대상들은 성경의 몰약 종들을 이집트로 가져가 거래했는데, 그곳에서는 시체를 방부 처리하는 데 사용했다. 구약 성경은 향으로서 몰약의 용도와 최음제 성분을 언급한다. 성경의 「잠언」에서 몰약은 매춘부의 향이라고 했지만, 「아가서」에서는 연인을 위한 것이라고 했다. 기독교 전통에서 몰약은 유향, 황금과 함께 동방 박사 세 사람이 아기 예수에게 바친 값비싼 선물이었다. 오늘날에도 몰약은 제례의 향, 그리고 소독용 구강 청결제('myrrh'는 셈어로 '맛이 쓰다'는 뜻이다)의 향을 내는 데 쓰인다.

오랜 역사 속에서 몰약은 전설의 물질이 되었다. 고대 그리스인들에 따르면 뮈라*Myrrah*는 자기도 모르게 아버지를 사랑하게 되어 관계를 맺었고 신들은 (늘 하던 대로) 그녀를 나무로 만들었다. 몰약은 나무의 모습으로 아들 아도니스를 낳은 뮈라의 눈물이다.

1805년, 트라팔가르 해전에서 사망한 해군 제독 호레이쇼 넬슨의 유해를 영국으로 운구할 때 몰약을 우린 브랜디에 보존했다는 이야기가 있다. 거기까지는 사실일지 모르나 이후 선원들이 통에 구멍을 뚫고 영웅의 혼이 담긴 술을 마셨다는 소문의 진위는 알 수 없다. 정말 그랬다면 최소한 입안은 개운한 채로 귀향하지 않았을까.

몰약나무 ❋ 감람과

이 란

아위 ^{Asafoetida}

Ferula assa-foetida

아위는 보통 머리 높이 이상으로 자라 억세게 서 있고, 속이 빈 줄기는
주먹만큼이나 굵다. 반건조 지형에서 잎 대부분이 땅 가까이 포복하듯 자란다.
작은 꽃대에 달린 노란 개별 꽃송이로 이루어진 엄청난 크기의 꽃차례가 마치
폭죽처럼 한자리에서 터져 눈에 확 띄지만 향은 그리 좋다고 말할 수 없다.
줄기나 뿌리에 상처를 내면 그 안에 축적되어 있던 끈적거리는 보호성 기름,
고무진, 나뭇진의 혼합물이 희부옇게 배어 나온다. 이 귀중한 수지성 재료는
공기에 닿으면 굳어서 서서히 갈색으로 변하는데, 유황 또는 마늘, 산패한
땀, 부패하기 시작한 육류 냄새가 희한하게 합쳐져 있다. 아위는 별로 유용해
보이지 않는 재료이지만, 인도에서는 '힝'이라는 이름으로 팔리고 아유르베다
의학에서 소화제 또는 호흡 및 신경계 진통제로 높이 평가한다. 덧붙여 모든
인도인들의 주방에서 찾아볼 수 있다.

　　콩만 한 아위 덩어리를 으깨서 튀기면 마법처럼 변한다. 고약했던 냄새가
간데없이 사라지고 따뜻하고 맛있는 양파 향이 난다. 다른 향신료와 섞어
일관된 맛을 유지하는 향미 강화제로서 북인도의 렌틸콩, 병아리콩 요리에
넣으면 특별히 맛이 좋다(복부 팽만을 완화하는 효능은 덤이다).

　　아위는 고대 그리스 로마 요리의 전형적인 향신료이자 그리스, 로마
사회에서 요리와 문화의 상징이었던 실피움과 아주 가까운 친척이다.
안타깝게도 실피움은 재배하기가 극도로 어려웠고, 오늘날 리비아의 일부이자
지중해와 맞닿은 키레나이카 지방에서만 자랐다. 수백 년 동안 실피움 공급은
철저히 통제되어 높은 가격을 유지하고 지속적인 수확이 보장되었다. 그러나
로마 공화국이 키레나이카 총독을 임시직으로 임명하면서 실피움은 단기적인
이익을 위해 과도하게 채취되었다. 서기 1세기에 대 플리니우스는 요리법에
실피움을 사용하라고 나오는데 정작 구할 수 없다고 불평했고, 가격이
오르면서 실피움을 대체한 페르시아의 아위는 한탄스러울 정도로 질이 낮다며
아쉬워했다. 결국 실피움은 율리우스 카이사르가 금, 은과 함께 국고에 보관할
정도로 귀해졌고 아마 2세기가 시작할 무렵 멸종했을 것이다.

　　실피움은 키레나이카의 주요 무역품이었다. 실피움과 하트 모양의 종자는
키레나이카 동전을 식별하는 디자인이었다. 역사학자 중에는 실피움이 경구
피임약이나 최음제로 쓰였다고 주장하는 사람도 있다. 그런 점에서 이미

2천여 년 전부터 하트가 사랑을 상징했다는 것은 합리적인 의심이다. 비교적
현대에 와서 실피움의 자매인 아위는 아라비아와 인도에서 두루 성적 흥분제로
사용되었다. 그 지독한 냄새를 생각하면 아위를 그 용도로 먹는 사람들이
아위의 효능을 어지간히 맹신했다고밖에 볼 수 없다.

이 란

다마스크장미 Damask Rose

Rosa × damascena

장미는 혼잡한 가계와 수많은 품종(야생종, 재배종, 잡종)을 가진 가시 돋친
관목이다. 꽃가루 전달자를 꾀어내려고 색과 향이 진화한 많은 꽃들은 꽃잎에
미세한 원뿔 세포가 있어 산들바람에도 냄새가 벌들에게 전달된다. 그러나
교배가 많이 된 일부 장미는 인간에게 의존해 번식한다. 이들 꽃은 수상 경력이
있는 여러 겹의 꽃잎을 자랑하지만, 곤충이 꽃꿀과 꽃가루에 접근하는 길을
막아 자연스러운 꽃가루받이가 불가능하다.

꽃은 다양한 생물에게 신호를 보낸다. 인간도 나름대로 오랫동안 장미를
이용해 서로 신호를 보내왔다. 장미는 로마 부대에서 승리의 깃발을 휘감았고,
네로 황제는 장미 향기가 코를 찌르는 연회장을 으스대며 걸었다. 침묵의 신과
연관되어 로마 시대에는 식당의 천장에 장미를 그렸고, 중세 시대에는 비밀
유지를 상징하며 왕족들의 외교 회의 석상에 걸려 있었다. 오늘날 스코틀랜드
정부는 비밀 전략 회의를 '장미 아래sub rosa'라는 구절로 홍보한다.

장미는 특히 이슬람과 밀접한 관계가 있다. 장미는 예언자 마호메트의
구슬땀에서 생겨났다고 전해진다. 16세기부터는 무굴 제국 전역에서 정원
식물로 매우 인기 있었으며, 이후 페르시아에서 원예와 디자인의 모델이
되었다. 이란에서 장미는 여전히 국가적 자부심을 한 몸에 받고 있고 축제를
통해 기념되며, 미국과 영국을 비롯한 10개국에서는 국화로 지정되었다.

불가리아, 터키, 이란 중부에서 자라는 크고 놀랍도록 향기로운 분홍색
다마스크장미 덤불은 향료와 향수의 원료다. 장미수는 물에 꽃잎을 대량으로
넣고 끓인 다음 증기를 농축해 생산하는데, '터키의 기쁨'이라는 뜻의 '라하트
로쿰rahat lokum'이나 피스타치오가 잔뜩 들어간 이란의 라하트와 같은 현지
디저트에 아낌없이 쓰인다. 그러나 조향사들이 탐내는 농축 장미유, 아타르를
만들어 내려면 초인적인 노력이 필요하다. 이른 아침에 개화가 절정에 달했을
때 7천 송이의 꽃을 모아 같은 날 증류하는데, 그래 봐야 기껏 한 티스푼 정도의
기름이 나온다. 왕의 몸값이라 불릴 만하다.

사람을 사로잡는 향기와 풍만한 화려함 때문에 장미는 사랑과 로맨스의
상징이 되어 왔다. 장미 디저트 냄새는 세상을 초월한 행복과 비누를 먹는 느낌
사이를 불안하게 오가지만, 분명히 이 세상은 장미의 사랑이 더 많이 필요하다.

이집트

파피루스 ^{Papyrus}

Cyperus papyrus

얕은 담수에서 우아하게 살아가는 파피루스는 풀인데도 5미터까지 자란다.
가느다란 줄기 끝에 얇고 반짝이는 초록색 꽃줄기가 둥근 공처럼 퍼진다.
파피루스가 빽빽하게 높이 솟은 습지대는 성당과 같은 평온함이 있고 은은하게
퍼지는 목질의 매운 향기로 분위기가 한층 더해진다. 에티오피아에서는
뿌리줄기(여기에서 부풀어 오른 지하 줄기로 식물이 번식한다)를 교회에서 향의
재료로도 사용한다.

　　파피루스의 분포 면적이 가장 큰 지역은 아프리카 중부와 동부로
그곳에서는 민물 습지가 스위스 면적에 이르며, 수단의 광활한 수드
습지에서는 옅은 초록색 솜털 담요가 수평선 너머까지 펼쳐진다. 이제는 야생
파피루스가 이집트에서 흔하지 않지만 고대에는 나일강과 그 후미를 따라
6,500제곱킬로미터를 뒤덮으며 이집트 문명에서 필수적인 역할을 했다.
파피루스 습지는 물고기와 사냥감이 풍부한 천연 식품 저장고였다. 한편
파피루스의 일부는 요리해서 먹었다. 줄기의 껍질에서 나오는 마른 섬유는
밧줄, 바구니, 그물, 심지어 돛을 짜는 데도 사용되었다. 줄기 안쪽의 텅 빈
관을 둘러싼 부드럽고 하얀 심지 덕분에 파피루스는 특별히 갈대 보트 재료로
적합했고 나일강과 지류를 따라 대규모 운송과 무역이 가능해졌다. 파피루스는
부조 또는 묘지의 그림에 흔한 모티프였고, 사카라와 룩소르의 많은 대형 사원
기둥들은 돌 위에 조각된 파피루스 다발이었다.

　　파피루스는 종이를 만드는 데에도 사용되었다. 가늘고 긴 심지를 물에
가로, 세로로 겹쳐 놓고 한꺼번에 망치질한 다음 압착해서 말리고 점토
가루로 광을 냈다. 건조한 사막 공기에서 파피루스 문서는 놀라울 정도로 잘
보존되었다. 예를 들어, 기원전 1500년경에 쓰인 에버스 파피루스는 20미터에
걸친 110쪽짜리 두루마리 책자인데, 초본과 의학 지식이 실려 있고 고대 이집트
생활을 생생하게 묘사했다. 사실 파피루스는 서기 약 900년까지도 이 지역에서
유일한 종이의 원료로 고대 그리스 작가와 로마 제국 관료들이 흔히 사용했다.
파피루스는 문자 언어와 관련된 말에 살아 있다. 그리스어로 파피루스 심지는
'biblos'인데, 'bibliography(서지학)'과 'bible(성경)'의 어원이다. 파피루스라는
단어 자체도 그리스어인데 원래는 이 식물의 먹을 수 있는 부위를 뜻하며
나중에 'paper(종이)'가 되었다. 파피루스 습지가 나일강에 생명을 주는 물의

전령이자 지혜의 신, 그리고 필경사의 수호신인 토트신을 상징하는 따오기의
보금자리라는 사실이 얼마나 적절한가.
　　서기 1세기에 대 플리니우스가 파피루스를 '불멸을 보장하는 물건'이라고
묘사했을 때 그는 문자에 대한 문명의 의존도를 암시했는지도 모르지만 사실은
문자 그대로를 뜻했을 것이다. 고대 이집트인들은 사람이 죽으면 그 영혼이
망자의 책과 함께 파피루스 보트를 타고 갈대의 밭으로 이동한다고 믿었다.
망자의 책은 지도와 방향이 적힌 파피루스 두루마리였다.

기니 공화국

기름야자 ^{Oil Palm}

Elaeis guineensis

기름야자는 눈에 띄는 굵은 줄기에 깃털 같은 긴 잎이 크게 펼쳐져 위엄은 있으나 단정한 느낌은 없다. 적도 근방 서아프리카의 습기 많은 저지대 자연 서식지에서 쉽게 눈에 띈다. 열매는 작은 자두만 한데, 주황색과 와인의 붉은색이 강렬하게 섞였고 대추야자처럼 한 번에 수백 개씩 뭉쳐서 묵직하게 달린다. 겉보기엔 먹음직스럽지만 섬유질이 많은 과육은 너무 질기고 기름져서 먹을 수 없으며, 기름기가 많은 속씨와 함께 육두구 크기의 씨를 감싼다.

작은 마을에서는 낫 모양의 칼이 달린 장대로 열매를 따는데, 며칠간 기름기가 배어 나오게 두거나 물에 넣고 끓이면 걷어 낼 수 있을 만큼 많은 양의 기름이 위쪽에 뜬다. 실온에서 굳는 이 기름은 열량은 물론이고 우리 몸이 비타민A를 만들 때 사용하는 베타카로틴의 중요한 원료다. 이 물질 덕분에 기름이 신기하게 토마토색으로 물든다. 레드팜 오일의 강한 연기 냄새, 버터와 당근 맛은 완벽한 서아프리카의 것이다. 튀김 외에도 수프나 이 지역 소울푸드인 '팜 오일 찹(닭고기와 소고기로 만든 스튜. 지글지글 끓는 넉넉한 레드팜 오일 속에서 갈색이 된다)'의 맛을 내는 데 사용한다.

서아프리카 촌락에서 소규모로 생산되는 것과 달리, 멀리 떨어진 인도네시아와 말레이시아는 세계에서 가장 큰 기름야자 플랜테이션을 보유하고 세계 연간 팜유 생산량 7,500만 톤의 약 85퍼센트를 생산한다. 과육과 속씨에서 나오는 기름을 탈색, 탈취, 정제하면 아무 맛이 없고 값싸지만 여기저기 쓸모가 많은 제품이 된다. 팜유로 마가린, 빵과 과자류, 라면, 감자칩, 아이스크림 등을 만든다. 또한 비누, 양초, 사료, 그리고 플라스틱, 윤활유, 화장품을 만드는 화학 재료로도 쓰고 샴푸와 세제의 거품을 내는 물질이 되기도 한다. 마트에 포장되어 진열된 제품 중 절반에 어떤 식으로든 팜유가 들어 있다고 보아도 좋다.

팜유의 이점에도 대가는 있다. 아프리카, 남아메리카, 특히 동남아시아의 방대한 숲(과거에는 생물 다양성이 집중되었던 곳이자 많은 멸종 위기 동식물의 터전이었다)이 기름야자를 기르기 위해 파괴되면서 기후 변화가 악화되고 있다. 그러나 기름야자 수출국은 당연히 많은 소득을 원하고, 무엇보다 기름야자는 생산성이 높아 다른 작물로 대체하려면 훨씬 더 많은 토지가 필요하다. 향후 산림 파괴를 방지하고 휴경 농지를 보호하고, 바이오 연료처럼 비식품에 팜유를 사용하는 일을 막는 것만이 해결책이다.

기니의 소규모 경작지로 다시 돌아가 보면 기름야자가 주는 또 다른 선물이 있는데, 바로 야자 와인이다. 높은 곳을 두려워하지 않는 현지인들이 나무 꼭대기의 꽃 부분을 잘라 낸 다음 달콤한 수액을 박이나 큰 병에 받아서 내려온다. 수액은 이내 발효하기 시작해 천연 효모와 박테리아의 혼합물 덕분에 몇 시간 만에 탁해지면서 상큼한 거품이 일고 도수가 너무 높지 않은 맥주 정도의 술이 된다. 야자 와인은 시큼하고 효모 향이 나며 감귤류의 과일 맛이 나는데, 살짝 견과류나 팝콘이 섞인 것 같기도 하다. 플라스틱 석유통에 담겨 길거리 좌판에서 팔리는 야자 와인은 갈증 해소제로도 인기가 좋고, 모든 통과 의례에 빠지지 않는 술이다. 야자 와인의 유통 기한이 하루밖에 되지 않기 때문에 이 술은 현지에서만 즐길 수 있다. 그래서 더 값어치가 있다.

1940년대 후반에 감미롭고 부드러운 음악 장르가 항구 도시의 주점에 등장했는데, 그곳에서는 선원들이 맥주 대신 야자 와인을 즐겨 마셨다. 지역색이 강한 노래와 리듬이 라이베리아 선원들의 음색과 트리니다드섬에서 온 칼립소, 그리고 기타리스트의 연주와 어우러졌다. 그들의 악기는 원래 포르투갈 선원들이 들여온 것이다. 잘 알려진 대로 팜 와인 뮤직(*1930년대에 서아프리카의 영어권 나라에서 유행한 댄스 음악)의 조화롭게 잘 버무려진 소리는 대규모 기름야자 생산지의 엄격한 단일 경작으로부터 멀리 벗어난 저세상 음악처럼 들린다.

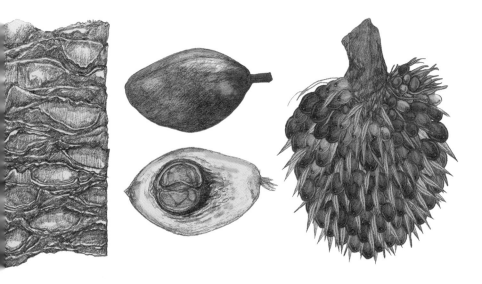

카카오 Cocoa Tree

Theobroma cacao

재배 상태에서는 외형이 다부지고 야생에서는 키가 더 크고 우아하며 세상
사람들에게 초콜릿을 아낌없이 제공하는 이 식물은 페루, 에콰도르, 콜롬비아,
브라질의 아마존 상류 분지에 자생한다. 그늘을 좋아하는 카카오는 열대 우림의
습한 하층부에서 잘 자란다. 이 나무의 짙은 상록성 잎은 강렬한 햇빛을 받으면
힘을 쓰지 못하고, 잎사귀의 뾰족한 끝은 빗물을 잘 흘려보내 감염을 막는다.

　　카카오꽃은 의외의 기쁨을 준다. 골무 크기의 다섯 갈래로 갈라진 진홍과
연노란색 꽃이 무리 지어 나무줄기나 오래된 나뭇가지에서 직접 핀다. 실제
카카오 꼬투리가 되는 것은 1천 송이당 몇 개뿐이라 나무가 그렇게 꽃을 많이
피우는 것은 그나마 다행이다. 꽃가루받이가 이루어지려면 작은 깔따구가
여러 번 찾아와야 하고, 또 수정되더라도 일부 어린 열매는 작물이 묵직하게
열리는 나무의 하중을 조절하기 위해 알아서 검게 변하며 쭈글쭈글해진다.
살아남은 꼬투리는 수정된 꽃에서 자라 두툼한 꽃대에 달려 줄기에 직접 붙어
있다. 간생화라고 알려진 이 굉장한 형질은 잭푸르트, 두리안, 카카오 같은 열대
나무들이 무거운 열매를 맺게 돕고 대형 동물이 멀리 씨앗을 퍼뜨려 준다는
이점이 있다. 6개월 뒤면 꼬투리가 익는다. 럭비공 절반 크기에 껍질은 노란색,
늙은 호박색, 심지어 가지 색깔의 거친 가죽질이다. 각각은 원숭이와 아구티를
끌어들이기 위해 진화한 영양 만점의 달콤새콤한 과육 안에 약 40개의 크고
분홍기가 도는 카카오 원두를 품고 있다. 이 동물들은 씨앗에 들어 있는
불쾌하고 씁쓸한 카페인과 테오브로민(카페인 다음으로 귀중한 물질)을 맛보기
싫어서 아예 씨앗을 통째로 삼킨다.

　　오늘날 전 세계 카카오의 40퍼센트 이상이 서아프리카의
코트디부아르에서 온다. 꼬투리를 수확한 다음 며칠 동안 원두를 발효시키면
천연 효모와 박테리아의 생화학 마술 덕분에 향기가 짙어진다. 초콜릿 바를
만들려면 발효된 카카오 원두를 볶은 다음 으깨서 코코아매스와 코코아버터를
만들고 이것을 다시 설탕 등의 재료와 결합한다. 입안에서 느껴지는 초콜릿의
풍만한 느낌은 인간의 체온에서 녹는 코코아 지방 때문이다. 일부 예민한
미각의 소유자들은 고급 초콜릿을 입안에 넣었을 때 묘하게 시원해지는
기분 좋은 느낌을 이야기하는데, 그것은 지방이 고체에서 액체로 변하면서
열에너지를 흡수하기 때문이다.

초콜릿 바는 19세기 발명품이지만, 에콰도르 남동부에서는 5,300년 전 코코아 음료의 잔여물이 출토되었고, 기원전 400년에 멕시코와 과테말라의 올멕인들은 대규모 카카오 농장을 세웠다. 카카오는 아즈텍 제국의 귀중한 상품이었다. 원두 자루는 화폐를 대신했고, 가루를 내어 끓는 물, 옥수수, 바닐라, 칠리 후추와 함께 섞어 기운을 돋우는 거품 음료로 마시기도 했다. '쓴 물'이라는 뜻에서 '소콜라틀'이라고 부르는 이 음료는 아나토 염료로 붉게 물들여 마셨고, 생명력을 상징했다. 아즈텍 제국의 황제 모크테수마가 황금 잔에 담아 마시는 것을 보기 전까지 스페인에서는 이 음료에 크게 관심을 두지 않았다. '초콜릿'은 스페인을 통해 유럽에 들어왔고 아즈텍 제국이 해체된 후에는 카카오나무가 카리브해에서 재배되었다.

유럽인들의 입맛에는 초콜릿에 우유를 붓고 설탕(초콜릿과 마찬가지로 식민지에서 새로 들여왔다)을 섞어 만든 달콤한 음료가 제격이었다. 이 음료는 이내 부유한 사람들 사이에서 유행했고 영양소와 자극을 동시에 주었다. 1659년 로버트 로벨이 『팜보타놀로지아』에 쓴 구절이 당시의 분위기를 묘사한다. "초칼레토 과자는 따로 먹든 우유에 녹여 먹든 성적 쾌락과 출산, 임신을 유발한다." 초콜릿과 방탕함은 대단히 강력한 유착 관계를 형성했다. 1700년에 영국 작가 존 게일하드는 '개인실이 따로 있는 초콜릿 하우스'가 '비록 일부 명예롭고 고결한 사람들도 즐겨 찾기는 하지만 악덕, 나태, 타락한 담론, 그 밖의 온갖 죄악이 행해지는 장소'라며 격분했다. 이런 의도치 않은 노이즈 마케팅 덕분에 초콜릿 하우스는 런던의 번화가에서 번창했다. 초콜릿 하우스는 신사 클럽의 전신이었고, 지금도 이런저런 형태로 존재한다. 초콜릿은 계속해서 어른을 위한 간식이 되고 있다. 씁쓸하고 강렬하고 벨벳처럼 색이 짙고 자극적인 초콜릿은 맛있게 죄책감을 주는 즐거움이다.

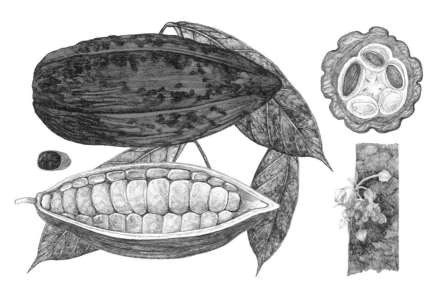

이보가 Iboga

Tabernanthe iboga

콩고 분지의 숲속에 서식하는 이보가는 얌전하고 차분한 관목으로 토착 민족의
영적 전통과 얽혀 있는 신성한 식물이다. 이보가꽃은 흰색의 작은 트럼펫
모양에 분홍색 줄이 쳐 있고 꽃잎이 신기하게 뒤로 젖혀졌다. 꽃이 진 뒤에
맺히는 열매는 연한 주황색에 표면이 매끄럽고 길쭉한 타원형이다. 나뭇가지가
부러지면 사악한 냄새를 풍기는 하얀 유액이 나오는데 그것으로 화살 독을
만든다.

 이보가 줄기와 뿌리, 특히 뿌리의 껍질에는 이보게인을 비롯한 향정신성
물질이 들어 있다. 진저리가 쳐질 정도의 쓴맛을 가리기 위해 갈아서 꿀을 섞은
다음 최음제로 소량 복용한다. 몇 시간씩 꼼짝 않고 있어도 정신을 말짱하게 해
주기 때문에 사냥꾼들이 카페인보다 선호하는 자극제다.

 비위티의 입교 의식 때는 훨씬 많은 용량을 사용한다. 비위티는 고대
서아프리카의 애니미즘 전통과 비교적 최근에 기독교 영향을 받은 조상 숭배가
결합한 문화다. 입교 과정은 1년간 진행되면서 겸손과 인내, 용기를 길러 주며
그 절정에서 젊은이들은 이보가 뿌리를 강판에 갈아서 먹는다. 공동체의 나머지
일원들이 얼굴에 하얀 재를 두껍게 바르고 불빛 옆에서 춤추는 동안 신참은
자신의 존재를 망각한 기분과 함께 불안과 메스꺼움을 느끼는 섬뜩한 순간을
경험한다. 이는 환각에 가까운 아주 생생한 꿈으로 이어지며, 종종 어린 시절의
기억을 불러온다. 이보가를 사용하는 예식은 며칠 동안 지속되며 새로운 신자를
조상과 이어 주고 미래를 보여 준다고 알려졌다.

 아프리카의 제식과 연관되어 불쾌하고 어쩌면 위험하기까지 한 부작용을
일으키는 환각성 약물인 이보게인이 많은 나라에서 불법인 것은 놀랍지
않다. 그러나 이 물질은 약물 중독자들의 새 출발을 돕는 긍정적인 용도로도
쓰인다. 이보게인은 뇌에서 모르핀이나 펜타닐 같은 의료용 아편제나 헤로인을
갈망하는 수용체를 방해해 마약에 대한 충동을 줄인다고 보고되었다. 중독자가
상담 치료와 병행해 한 번만 복용하더라도 의존성을 극복할 가능성이 극적으로
증가한다는 초기 연구 결과가 있다.

웰위치아 Welwitschia

Welwitschia mirabilis

웰위치아는 나미비아 중부와 앙골라 남부 사이의 바싹 마른 자갈투성이 지형에서 마치 공상 과학 소설에 등장하는 뭉개진 대형 곤충 또는 좀 더 현실적으로 말하면 지저분한 쓰레기 더미처럼 드문드문 잘 자란다. 오스트리아 식물학자 프리드리히 웰위치는 1859년에 앙골라에서 이 식물을 처음 마주했을 때 몹시 당황했고, '만지면 혹여 상상 속 산물이라는 게 확인될까 반쯤 두려워하며' 보았다. 정말로 이상한 식물이기는 하다. 가까이 가서 봐도 거기에 뭐가 자라는지 알 수가 없다. 중심에는 목질의 속이 빈 왕관이 있는데, 지름이 무려 1미터에 무릎 높이를 넘지 않고 딱딱한 껍질이 있으며 검은색이다. 분화구의 테두리를 따라 두 개의 넓은 가죽질 잎이 옆으로 펼쳐지는데, 여러 개의 띠로 나뉘고 구불거리기 때문에 실제보다 잎의 개수가 더 많은 것처럼 보인다. 이 잎은 어떤 식물보다도 오래 산다. 이 한 쌍의 잎이 기부에서 시작해 1년에 평균 20센티미터씩 자라고 1천 년이 넘도록 사는 경우도 있다. 세월이 흐르면서 끝은 너덜너덜 해어지고 흉년에는 초식 동물의 먹이가 되므로 고작 몇 미터짜리의 벌려진 나선형 잎이 우리가 볼 수 있는 전부다. 그렇지 않으면 수백 미터는 족히 될 것이다.

과거에는 비가 몇 년에 한 번씩 내리는 곳에서 웰위치아가 살아남는 비결이 곧은 뿌리라고 생각되었으나 이제는 이 뿌리의 주된 역할이 땅속에서 물을 탐색하는 게 아니라 거친 바람에도 식물을 땅에 단단히 고정하는 데 있다고 생각된다. 대신 기체 교환에 사용하는 미세한 기공이 웰위치아가 안개로부터 습기를 흡수하도록 적응했다.

벌어진 잎은 쉼터와 생명의 오아시스를 제공한다. 예를 들어, 웰위치아노린재는 이 식물 주변에서 어슬렁거리는 작고 아름다운 노린재과 곤충인데, 자라면서 색깔이 진홍색에서 검은 반점이 있는 크림색으로 바뀌고 어색하게 등과 등을 껴안은 자세로 교미한다. 웰위치아노린재는 식물의 수액을 먹고 살며, 다른 곤충들과 함께 사막의 생물 군집을 부양한다.

웰위치아는 수꽃과 암꽃이 따로 피며, 식물의 둥근 가장자리에서 싹이 트는 수꽃의 구과는 적갈색 손가락처럼 생겨서 뻣뻣하고, 암꽃은 고동색과 주황색으로 부드럽고 곧게 선 구조물인데, 생김새만 보면 솔방울과 다를 바 없다. 그러나 이 솔방울 안의 구조는 침엽수보다는 일반적인 꽃을 더 닮았고 심지어 파리와 벌을 위한 꽃꿀도 생산한다. 식물학자들은 웰위치아가 솔방울을 만드는 겉씨식물과 그보다 나중에 진화한 속씨식물을 연결하는 '잃어버린 고리'일지도 모른다고 믿는다. 찰스 다윈은 웰위치아를 '식물계의 오리너구리'라고 불렀다. 알을 낳는 포유류인 오리너구리가 제 가문의 유일한 생존자로 세계 다른 어디에도 가까운 친척이 없는 것처럼 말이다.

나미비아

사시나무알로에 ^{Quiver Tree} & 알로에 베라 ^{True Aloe}

Aloidendron dichotomum & Aloe vera

사시나무알로에는 세계에서 가장 큰 알로에다. 나미비아와 남아프리카 희망봉
서부의 반사막 지역에 서식한다는 것만으로도 충분히 인상적이지만 극도로
건조한 나미브 사막의 주변에 나무 한 그루 없는 곳에서 발산하는 생기는 믿기
어려울 정도다. 보수적인 식물학자라면 사시나무알로에는 나무가 아니라고
주장할 것이다. 그 줄기는 제대로 된 '목질부'가 아니기 때문이다. 대신 이
나무의 줄기와 가지는 물을 저장하는 스펀지 같은 물질로 차 있어서 드물게
내리는 비를 최대한 활용한다. 그러나 겉보기에는 영락없는 나무다. 대부분의
알로에는 잎이 지표 근처에서 뭉쳐나지만 사시나무알로에는 중심에서 굵은
줄기가 솟아오른다. 어릴 적에는 완벽하게 매끄럽고 흰색의 고운 가루가
먼지처럼 덮여 있어 열과 빛을 반사한다. 그러다가 둘로 갈라져 자라기
시작하면 각각의 가지는 또 갈라져 매번 길이가 절반이 되고 그렇게 나뭇가지가
둥근 왕관을 만든다. 극심한 가뭄이 계속되면 사시나무알로에는 식물학적으로
보기 드문 재간인 자기 절단 기술을 발휘해 곳곳에서 사지를 잘라 내고 귀한
자원을 보존한다. 이 나무의 영어 일반명인 '화살통 나무'는 토착민인 산족
사람들이 떨어진 나뭇가지의 속을 파고 화살을 보관한 전통에서 왔다.

가늘어진 줄기 끝에 수관이 형성되는데, 나무줄기의 높이는 9미터나
되고 바닥 쪽의 너비가 1미터에 이르러 눈에 쉽게 띈다. 하늘에 태양이 낮게
뜨면 나무껍질은 황금 갈색의 비단결 같은 조각들이 맞물려 나 좀 만져
보라고 외친다. 그러나 딱딱한 껍질 가장자리가 지독하게 날카로우므로 아주
조심스럽게 손을 대야 한다.

사시나무알로에 잎은 전형적인 알로에 잎이다. 청록색 잎이 크게 부풀어
로제트 형태로 펼쳐지는데, 질기고 광택 있는 큐티클층으로 덮여 수분 손실을
줄이며, 무색의 젤 형태로 물을 보관한다. 겨울이면 엄지 굵기의 꽃대에 달린
꽃이 잎들 사이로 삐죽 솟아 나오고, 강렬한 카나리아 노란색의 관 모양
꽃송이가 파란 하늘을 배경으로 맥동한다. 꽃에 이끌려 온 칙칙한 태양새들은
꽃가루를 전달하는 대가로 풍성한 꽃꿀을 즐긴다. 심지어 개코원숭이들도 꽃의
단물을 기꺼이 빨아들인다. 사교적인 베짜기새들은 이 가지에 공동의 둥지를
거창하게 짓는다. 사시나무알로에는 인간 관광객들도 끌어들인다.

알로에 중에서는 알로에 베라*Aloe vera*가 가장 잘 알려진 편이고

흔히 '진짜' 알로에로 불린다. 원래 아라비아반도 자생이지만 고대로부터 북아프리카에서도 알려져 왔고 이제는 화장품과 연고 생산을 위해 널리 재배된다. 허리 높이까지 자라며 부드럽게 아치를 이루는 잎은 반들거리는 표면에 흰색 점이 박혀 있다. 키가 큰 꽃대는 노란색, 복숭아색, 때로는 빨간색 꽃송이들이 장식한다. 비록 탁한 보라색의 유혹적인 삭과가 열리지만 알로에 베라는 4천 년의 교배를 거치며 어느 순간 불임이 되었다. 지금은 분지라고 하는 작은 클론이 싹을 틔워 번식한다.

알로에 베라는 고대 이집트의 약초 서적인 에버스 파피루스(72쪽 참조)에 등장하며 그 지역 거의 모든 문명에서 사용되었다. 그리스 철학자 아리스토텔레스가 알렉산드로스 대왕에게 병사들의 상처를 치유하는 알로에 공급을 확보하기 위해 오늘날 예멘 앞바다의 소코트라섬에 군대를 보내라고 조언했다는 확인되지 않은 이야기가 있다. 알로에 젤이 만병통치약이라는 주장을 뒷받침할 증거는 별로 없다. 건선 증상을 완화하고 아마도 심각하지 않은 화상 부위를 진정시키는 용도로는 효과가 있을지 모르나 그게 전부다. 알로에의 일부 성분은 오래 보관할 수 없기 때문에 부엌에 알로에 화분을 두고 심하지 않은 덴 상처에 바로 잘라 사용하는 것이 시판하는 알로에 제품을 사는 것보다 좀 더 효과적일 것이다.

알로에의 두 번째 산물은 잎의 표면 바로 아래에 저장된 노란기 도는 유액인데, 초식 동물로부터 식물을 보호하기 위해 진화한 것이 분명하다. 구역질이 날 정도로 쓰고 시큼한 대황의 향이 나는 이 물질은 강력한 설사약으로 쓰였는데, 갑작스러운 배출이 '나쁜 체액'까지 몰아낸다고 믿은 고대와 중세에는 가치가 있었다. 이 물질은 '쓴 알로에'라고도 알려져 20세기 초에 유럽에서 아이들이 손톱을 물어뜯거나 엄지를 빨지 못하게 하는 데 사용되었다. 그 끔찍한 맛 때문에 실수로라도 과용하지는 못했을 것이다.

알로에와 용설란(160쪽 참조)은 수렴 진화의 흥미로운 예다. 아메리카 대륙 원산인 용설란과 대부분 아프리카에서 자생하는 알로에는 서로 근연 관계는 아니지만 건조한 환경에 살면서 독립적으로 비슷한 형질이 진화했다. 알로에는 매년 꽃을 피우지만, 용설란은 한 번의 시도에 전부를 건다. 그러나 필요하면 분지를 통해 번식할 수 있다. 둘 다 부푼 다육질 잎에 물을 저장하고(단, 알로에는 찐득거리는 젤을 사용하고 용설란은 섬유질을 이용한다), 튼튼한 왁스질 표면과 가장자리의 톱니로 자신을 보호한다. 무엇보다 이 두 식물은 생김이 똑 닮았다. 수렴 진화에는 공학자들이 주어진 난제를 똑같은 방식으로 해결하는 걸 볼 때 느끼는 흡족함이 있다. 자연 선택은 진짜 아주 영리한 것 같다.

사시나무알로에

알로에 베라

마다가스카르

바닐라 Vanilla

Vanilla planifolia

덩굴 식물인 바닐라는 중앙아메리카 열대 우림 원산인 난초류로 자생지에서는
주변의 나무를 지지대로 삼아 높이가 30미터까지 자랄 수 있다. 19세기에 다른
지역에서 재배될 때까지 바닐라의 주요 공급원은 멕시코였다. 이곳에서는 안목
있는 아즈텍인들이 코코아에 향을 더하기 위해 일찌감치 바닐라를 재배했다.
오늘날에는 마다가스카르가 세계에서 가장 큰 생산지인데, 이곳은 상징적인
바오바브나무로 더 잘 알려졌지만 고온 다습한 기후 조건과 낮은 임금이 고된
바닐라 생산 과정에 잘 맞아떨어졌다.

　　재배하는 바닐라는 낮은 나무나 목재 틀에서 키우고 개화를 촉진하기 위해
가지를 친다. 노란색, 크림색, 엷은 녹색의 차분한 색조를 지니는 뿔 모양 꽃은
옅은 시나몬 향기를 풍기고 자생하는 곳에서는 벌새나 멜리포나*Melipona*속
벌들이 꽃가루받이한다. 그러나 이 동물들은 중앙아메리카에만 살기 때문에
다른 지역에서는 사람이 일일이 손으로 꽃을 수분해 줘야 열매를 맺는다.
더구나 꽃은 딱 하루만 피기 때문에 매일 아침 사람들은 갓 핀 꽃을 찾아
덩굴을 분주하게 뒤진다. 오늘날에도 여전히 사용되는 수분 기술은 인도양의
레위니옹섬에서 노예로 태어난 에드몬드 알비우스라는 열두 살 소년이
1841년에 개발했다. 대나무 조각으로 암술과 수술의 막을 가르고 두 부분을
부드럽게 쥐어짜는 방식으로 꽃가루를 옮긴다. 합방을 마치면 하루 만에 꽃의
두꺼운 초록색 기부가 부풀어 오르고 이어서 9개월 동안 손바닥 길이의 가는
꼬투리로 성숙한다. 바닐라는 사프란(42쪽 참조) 다음으로 귀한 향신료이기
때문에 도둑을 막기 위해 생산자들은 종종 생장 중인 꼬투리에 고유한 코드를
새긴다.

　　노랗게 변한 꼬투리를 막 땄을 때는 실망스럽게도 향기가 나지 않는다.
우리에게 익숙한 진한 갈색의 자극적인 향신료가 탄생하기까지는 더 많은
정성과 노동이 필요하다. 꼬투리를 끓는 물에 데친 다음 낮에는 해가 잘 드는
곳에 펼쳐 놓고, 밤에는 물기가 흘러나오게 잘 싸 두기를 2주 동안 하고서 몇 달
동안 잘 말린다. 이 긴 과정을 거치며 효소 작용으로 바닐린이라는 주요 방향
성분과 수백 가지의 다른 방향성 분자가 만들어진다. 바닐라 추출액을 만들려면
꼬투리를 쪼개서 긁어낸 다음 알코올과 섞는다.

　　바닐라 추출액이 비싼 것은 말할 것도 없다. 그래서 대부분 가게에서 파는

바닐라 향은 다양한 나무의 부산물에서 나오는 합성 바닐린으로 만든다. 똑같은
화학 과정이 나무통에 보관된 포도주에 바닐라의 느낌을 준다. 싸구려 위스키에
바닐라 엑기스를 몇 방울 첨가하면 참나무통에서 오래 숙성된 맛이 나는 이유가
여기에 있다. 천연 바닐라 향이 가지는 복잡한 풍미가 없는 합성 바닐라는
진짜의 유령일 뿐이지만 안타깝게도 싸구려 아이스크림에 사용되는 모조품에
너무 길들여져 이국적이고 지고한 맛은 오히려 따분함의 약칭이 되고 말았다.

케 냐
부레옥잠 Water Hyacinth
Eichhornia crassipes

부레옥잠은 아마존 유역에 자생하는 아름다운 수생 식물이다. 부풀어 오른
잎줄기 덕분에 물 위에 떠 있고, 가는 뿌리는 물밑에 매달려 1미터나 뻗어
내린다. 한편 수면 위에서 반짝거리는 둥근 가죽질 잎은 바람을 안고 가는 돛이
되어 식물 전체를 끌고 다닌다. 라벤더 색깔의 작은 꽃다발에는 꽃마다 맨 위쪽
꽃잎에 푸른색으로 둘러싸인 노란 얼룩이 있는데 벌들에게 꽃꿀의 위치를
안내하는 역할을 맡았다. 또한 벌들은 저를 위해 마련된 유리 같은 미세모의
분비물도 즐긴다. 부레옥잠은 기는줄기를 사용해 효율적으로 번식하므로
19세기 후반부에 정원의 연못에서 쉽게 키우는 장식용 식물로 전 세계에
수출되었다. 그러나 곧 정원을 탈출해 끔찍한 잡초가 되었다.

　고향에서 멀리 떨어져 천적이 없는 타지에서 부레옥잠은 가장 거침없이
퍼지는 식물이 되었다. 열대 지역의 강과 담수호에 침입해 농장 유출수처럼
양분이 많은 물에서 엄청나게 수를 불리고 물 위에 촘촘한 덮개를 형성해 강과
발전소의 냉각수 유입구를 막는다. 또한 논을 뒤덮고 호수의 산소를 고갈시키고
다른 생물을 굶기며 모기를 품고 위험한 하마와 악어를 숨겨 준다. 아프리카의
수많은 호수가 부레옥잠 때문에 심각한 타격을 받고 있다. 2019년에는 케냐
빅토리아호의 170제곱킬로미터에 달하는 호숫가가 부레옥잠으로 뒤덮였는데,
호수에 떠 있는 배가 마치 녹색 바다에 고립된 것처럼 보일 정도였다.

　부레옥잠을 처리하는 가장 유망한 해결책은 이 식물과 함께 진화한
브라질의 네오케티나*Neochetina*속 바구미를 도입하는 것이다. 이 바구미의
유충은 부레옥잠에 굴을 파고 들어가 생장점을 파괴하고 식물을 썩게
만든다. 그러나 바구미 개체군이 자리를 잡는 데에도 몇 년이 걸리기 때문에
임시방편이나마 대형 수확 기계로 주요 항해로를 청소해야 한다. 미식축구
경기장 넓이에서 걷어 낸 부레옥잠의 무게가 3백 톤이나 나간다. 그러나 다행히
사람들은 이처럼 남아도는 재료의 유익한 용도를 찾았다. 소규모로 바구니를
짜는 데나 쓰였던 부레옥잠을 발효해 요리용 바이오가스를 생산하면서
땔나무를 덜 쓰게 된 것이다.

커피나무 ^{Coffee}

Coffea arabica

이 작은 상록수는 에티오피아 남서부의 숲이 우거진 산 근처 어딘가에서 생을 시작했다. 넓은 타원형 잎은 가장자리가 주름지고 윗면은 반질거리고 어두우며, 밑면은 파스텔톤의 연한색으로 그늘을 선호한다. 만개한 커피나무꽃은 마음을 사로잡는 찰나의 기쁨이다. 인동과 자스민의 가벼운 향내를 풍기는 수천 송이의 섬세한 하얀 꽃이 나무를 아름답게 장식하지만 고작 며칠만에 져 버린다. 매끄러운 계란형 열매는 빨간 우체통 색깔로 익는다. 수박과 살구 맛이 나는 얇은 과육이 우리에게 익숙한 세로선 자국이 있는 커피 원두 한 쌍을 둘러싼다.

커피의 밝고 달콤한 열매는 원숭이와 새를 유혹하기 위해 진화했다. 이들은 맛있게 열매를 먹고 과육 부분만 소화한 다음 씨앗은 온전히 배출한다. 이 씨앗을 모아 비싸게 파는 사람들이 있다. 예를 들어, 인도네시아의 '루왁 커피'는 마니아들에게 유난히 '부드러운 흙의 맛'으로 유명한데, 다름 아닌 아시아 사향고양이의 배설물이다. 사람들은 애초에 이런 목적으로 사향고양이를 잡아서 팔기도 한다. 이렇게 특별한 경우를 제외하면, 모든 커피 작물은 인간의 손으로 수확된다. 커피 열매는 모두 한 번에 익는 게 아니라서 기계 수확에 적합하지 않다.

1천여 년 전에 어느 천재가, 혹은 천운을 타고난 사람이 커피나무의 열매에서 심심한 무향의 원두를 분리해 볶고 가루를 낸 다음 뜨거운 물에 타 보았을 것이다. 그 결과물인 커피, 그러니까 그윽한 향이 더할 나위 없이 좋고 자극적이지만 알코올은 아닌 음료가 예멘을 거쳐 이슬람 세계와 오스만 제국 전역에 퍼졌다. 1600년에 커피와 이슬람의 연관성 때문에 바티칸 사제들이 커피를 '기독교인의 영혼을 사로잡으려는 사탄의 최후의 함정'이라며 금지하려고 했지만, 교황 클레멘스 8세는 (아마도 커피를 직접 마셔 본 후) 커피에게 세례를 베풀었다. 이 좋은 것을 '이교도들만 마신다는 것은 부끄러운 일'이라고 생각했기 때문일 것이다. 참으로 매력적인 분이 아닐 수 없다.

17세기 중반 유럽 전역에 커피 하우스가 생겨났고, 특히 런던에서는 사람들이 사업과 정치를 논하는 장소가 되었는데, 이는 좀 더 가벼운 분위기에 여성을 환영하던 초콜릿 하우스(77쪽 참조)와 대비되었다. 수 세기 동안 많은 문화에서 커피 예식이 발전했고, 묘하게 손이 가는 전용 장비들과 원두를 가는 방식 및 원산지 등에 대한 까다로운 취향들로 인해 이 예식이 유지되었다.

에티오피아는 유난히 정교한 커피 예식을 따른다. 향을 피우고 불이 이글거리는 숯불에 원두를 신선하게 볶아 카르다몸이나 다른 향신료와 함께 가루를 낸다. 그렇게 우려낸 강렬하고 진한 차를 팝콘을 곁들여 마신다. 가까운 곳에 에티오피아 카페가 있는 운 좋은 사람들에게는 즐거운 경험이지만, 잠자리에 들기 전에 마시는 것은 별로 좋지 못한 생각이다.

커피나무가 카페인을 만든 것은 인간을 위해서가 아니다. 잎이 죽어 떨어지면 그 안의 카페인 성분이 토양에 스며들어 경쟁 식물이 발아하고 성장하는 것을 방해한다. 한편 카페인은 다양한 곤충과 곰팡이에게 치명적인 방어 물질이 된다. 그러므로 커피나무와 감귤류 식물이 꽃가루를 날라다 주는 곤충에게 대접할 꽃꿀에 카페인을 넣는다는 것은 의아한 일이다. 그러나 극미량의 카페인은 벌들의 기억력을 자극해 그 식물을 다시 찾아오게 하는 것으로 밝혀졌다. 꽃은 적절한 수준에서 약리학적 효과를 나타낼 만큼의 카페인만 제공한다.

19세기 말 무렵에 아라비카 커피나무가 커피녹병 때문에 전멸하는 사건이 있었다. 이후 커피 숲에는 아라비카 커피보다는 맛이 거칠지만 면역력이 강한 '로부스타Coffea canephora'가 심어졌고, 이제는 아라비카도 널리 재배된다. 오늘날 커피 품종은 기후 변화와 새로운 해충, 그에 동반한 질병 등으로 다시 한번 위험에 처했다. 그러나 새로운 품종을 교배할 가능성은 있다. 약 120종 정도의 야생 커피가 열대 아프리카에 서식한다. 이 커피들은 모두 향이 매혹적이고 카페인 함량도 다르다. 일부는 열이나 가뭄에 잘 견디고 다양한 토양 또는 식물 질병에 대처할 수 있다.

파키스탄

헤나 Henna

Lawsonia inermis

헤나는 중동과 남아시아의 열기를 좋아하는 관목으로 가뭄에는 잎을
떨어뜨리고 비가 오면 재빨리 생명력을 발휘해 척박하고 건조한 토양에서도
성공적으로 살아남았다. 하얀색 또는 분홍기가 도는 작은 꽃가지는 공중에서
가벼운 꽃다발을 만들지만, 자세히 보면 관능적이고 동물적이기까지 한 색이
숨어 있다. 그 꽃의 추출물인 향유가 조향사의 값비싼 재료인 것은 당연하다.

　달리 기억에 남지 않을 헤나의 잎은 3,500여 년 전에 고대 이집트에서
몸을 치장하기 위해 사용된 가장 오래된 화장품의 원료였다. 잎 속에는
헤노사이드라는 물질이 들어 있는데 아마도 미생물과 곤충의 공격을 막기 위해
만들었을 것이다. 잎을 가루로 낸 다음, 물과 소량의 레몬으로 반죽하면 화학
반응이 일어나 라우손이 만들어진다. 염료 이름으로 익숙한 라우손은 피부나
머리, 손톱에 칠하면 단백질과 결합해 주황–갈색의 색을 낸다. 색조와 진하기는
물들이는 시간에 따라 달라지고 커피, 차, 인공 염료를 추가해 조절할 수 있다.

　현지에서 헤나 잎은 말린 후 가루를 내고 체에 걸러서 판다. 특히 여성의
복장이 수수한 지역에서 손과 발에 공들여 그린 헤나 장식은 묘한 입체감을
준다. 일부 지역에서 헤나 무늬는 여성의 월경이 끝날 무렵에 새겨져 점차
엷어지므로 색의 농도를 보면 월경 주기를 짐작할 수 있다. 전통적인 이슬람교
또는 힌두교식 혼례 직전 신부가 보내는 '헤나의 밤'은 보디 아트, 분장,
자매애를 거창하게 기념하는 시간으로 서양의 처녀 파티와 비슷하지만 좀 더
다채롭고 아마 파티 내내 다들 정신이 말짱하다는 차이가 있을 것이다.

93　　　　　　　　　　　　　　　　　　　　　　　헤나 ＊ 부처꽃과

인도

연꽃 Lotus

Nelumbo nucifera

아시아에서 가장 많은 사랑과 존경을 받는 식물이자 인도의 국화인 연꽃은 7천 년 동안 식용 작물로 재배되어 왔으며 요리, 문화, 관상적 가치에 따라 수백 가지 품종으로 개량되었다. 연꽃은 1억 년도 넘는 진화의 유물이다. 살아 있는 가장 가까운 친척은 아주 멋진 꽃을 피우는 남아프리카의 프로테아*Protea*속 식물, 그리고 놀랍게도 런던의 단풍버즘나무를 포함하는 플라타너스*Platanus*속 식물이다. 연꽃은 고여 있거나 유속이 느린 물에서 공격적으로 확산하는 대량 서식자로, 얕은 연못과 진흙에서 뿌리줄기를 통해 빠르게 퍼진다. 연꽃의 뿌리줄기는 살짝 아리고 아티초크 같은 맛에 익혀도 살아남는 아삭한 식감, 그리고 길게 뻗은 공기 통로 덕분에 잘랐을 때 눈에 띄는 격자무늬로 잘 알려졌다.

햇볕을 충분히 쬐면 뻣뻣하고 튼튼한 줄기 끝에서 홀로 피는 꽃봉오리가 높이 치고 올라와 아름답게 활짝 벌어지는데, 동양 예술에 나타나는 미의 전형이다. 두 손을 가지런히 모은 컵 모양에다 완벽히 대칭되는 꽃잎은 우아하고 섬세하며, 끝을 향할수록 선홍색 또는 연보라색으로 부드럽게 짙어진다. 커다란 멜론 크기만 한 꽃은 겉보기엔 거대한 빅토리아수련(156쪽 참조)을 닮았다. 비록 혈연 관계는 아니지만 두 종 모두 달콤한 향기를 풍기는 꽃잎을 열고 딱정벌레를 유인한 다음 밤새 그 안에 가둔다. 연꽃은 섭씨 약 36도에서 특별히 따뜻하게 곤충을 맞이하는데, 주위 기온이 훨씬 낮더라도 온도가 일정하게 유지된다. 꽃은 다음 날 꽃가루가 범벅이 된 딱정벌레를 풀어 주고, 다음번 꽃가루받이를 위해 곤충들을 끌어들인다.

비록 열대 지방에서는 1년 내내 꽃이 피지만, 개별 꽃은 며칠 만에 지고 만다. 꽃잎이 떨어지면 원뿔형의 화탁(연방)이 드러나는데, 꼭 물뿌리개의 주둥이처럼 생긴 게 어쩐지 기분 나쁠 정도로 인공적이다. 평평한 표면 여기저기 뚫린 구멍에 작은 견과류 같은 씨(연밥)가 들어 있는데 꽃받침이 딱딱한 목질로 단단해지기 때문에 구멍 안에서 달그락 소리가 난다. 씨앗은 약간 싱겁긴 해도 영양분이 충분해서 볶아서 간식으로 먹거나 삶아서 가루로 만든다. 짙은 색의 바깥층은 튼튼하고 물을 흡수하지 않는다. 중국 북동부의 건조한 호수 바닥에서 연꽃 종자 몇 개가 발견되었는데, 탄소 연대 측정 결과 1천 년이 넘었는데도 발아해 아름답게 꽃을 피웠다.

크고 색이 진한 잎은 중앙에 잎대가 달려 마치 뒤집어진 파라솔처럼 물 위로 한참 올라와 서 있다. 종종 채소처럼 요리해 먹거나 음식을 포장하는 데 사용된다. 연잎에는 한 가지 특징이 있다. 표면에 유두상 돌기라는 미세한 왁스질의 돌기가 박혀 있는데, 높이는 1밀리미터의 100분의 1이고 엄지손톱만 한 면적에 무려 2백만 개가 있다. 이 돌기 때문에 표면이 물에 젖지 않는 방수 상태가 된다. 비가 내리면 표면 장력에 의해 빗물이 작은 물 구슬이 되어 잎의 중심으로 굴러간 다음 가운데 고여 있다가 햇빛에 마른다. 마른 잎일수록 감염이 덜 되지만, 그 외에도 유두상 돌기는 잎의 표면을 티끌 없이 깨끗하게 유지해 햇빛을 최대한 이용하게 한다. 공기 중의 먼지, 폐기물, 곰팡이 포자는 크기가 커서 돌기 꼭대기에 내려앉고 빗물에 폭포처럼 쓸려 내려가 마침내 흔들리는 잎에서 떨어져 나간다. 배춧과 식물들을 포함해 이런 기능을 갖춘 식물이 제법 많지만, 연잎과 같은 수준은 아니다. 재료공학자들은 '연꽃 효과'에서 영감을 받아 우비나 유리창, 페인트 등 물과 때를 잘 떨어내는 물질을 개발했다.

신성한 연꽃은 아시아 문화권에서 깊은 종교적 의미가 있으며 예술, 건축, 조각에서도 흔한 모티프로서 일반적으로 신들이 연꽃 왕좌에 올라서 있다. 힌두교의 경우 우주의 창조신인 브라마는 연꽃 속에 있는 비슈누 신의 배꼽에서 탄생했다. 비슈누 신의 배우자인 라크슈미는 연꽃 위에 웅크리고 있거나 순수, 그리고 부와 다산을 상징하는 꽃봉오리를 들고 있다. 불교에서는 석가모니 부처의 첫 발걸음에서 연꽃의 싹이 돋았다고 전해지고, 티베트 불교도의 흔한 만트라인 옴마니반메훔(*'오, 연꽃 속의 보석이여!'라는 뜻)은 최면적으로 반복되는 산스크리트어의 어절 안에 깨우침과 헤아릴 수 없는 가치와 함께 연꽃을 한데 모은다. 연꽃은 진흙 속에서 자라면서도 완전무결하며 연잎의 중심에서 보석처럼 춤을 추는 반짝반짝한 물방울과 함께 빛과 지혜를 향한 영적 여정을 상징한다.

아프리칸메리골드 _{African Marigold}

Tagetes erecta

'아프리칸'메리골드(천수국)는 멕시코와 중앙아메리카 원산이며, 메리골드라고 불리는 또 다른 식물인 카렌듈라(금잔화)와 혼동하기 쉽지만, 카렌듈라는 지중해와 유럽 남동부가 원산이다. 메리골드라는 이름은 '메리(성모 마리아)의 황금'이라는 뜻에서 왔고, 성모 마리아의 밝은 영적인 빛을 묘사한다. 곧추선 줄기 위에 만개한 메리골드꽃은 생생한 봉홧불 같아서 레몬 노란색, 진한 귤색, 때로는 주홍색을 띠기도 한다.

메리골드는 소독제, 배탈약, 구충제, 궤양이나 부은 상처에 바르는 연고 등 고대로부터 약용 식물의 역사를 갖고 있다. 아즈텍 문명에서는 메리골드를 사용한 의료 처치가 주술 및 종교와 결합하여 메리골드가 종교 축제의 장식과 제물이 되었고, 메리골드 화환으로 신을 장식했다.

아즈텍 문화는 현대 멕시코까지 명맥이 이어졌는데, 이곳에서는 11월 초 가톨릭의 만성절과 위령절이 망자가 이승으로 돌아와 친구와 가족을 방문한다는 스페인 정복 이전의 신앙과 통합되었다. 그 결과가 정겹고 따뜻한 죽은 자들의 날로, 멕시코인들은 친구나 친척의 묘지를 찾아가 메리골드로 장식하고 음식을 차린다. 살아생전 지내던 집에 마련한 축하 제단으로 영혼을 안내하는 길은 이 지역에서 '망자의 꽃'으로 흔히 알려진 메리골드 꽃잎으로 장식되어 있다.

메리골드로 장식한 아즈텍 신들에 대한 옛이야기는 현대의 인도에도 쉽게 적용된다. 메리골드의 강렬한 감귤색은 힌두교, 시크교, 불교에서 각각 순결, 지혜, 빛을 상징한다. 그리고 가장 유명한 사원과 가장 보잘것없는 성지를 모두 이 꽃으로 장식한다. 실에 꿰어 놓은 눈부신 꽃이 고위 정치인, 발리우드 스타, 결혼식 하객들, 장례식 조문객들에게 걸어 줄 화환이 되어 미터 단위로 판매된다. 또한 트럭 앞 유리에 매달아 늘어뜨리거나 바닥에 상서로운 꽃과 기하학적 무늬로 배열하기도 한다. 이는 식물과 인간 문화 사이의 불가분의 관계를 지속적이고 뚜렷하게 보여 주는 좋은 본보기다.

인도
망고 ^{Mango}
Mangifera indica

망고의 조상은 4천 년 전에 인도에서 재배되었고 여전히 인도가 전 세계
생산량의 절반을 차지하는데, 그 대부분을 현지에서 소비한다. 크기, 색깔, 맛,
질감, 열매의 보존 기간은 물론이고 질병 저항성이나 수확에 편리한 높이까지,
생각할 수 있는 모든 특성이 수백 가지 품종으로 개량되었다. 망고나무는 키가
30미터까지 자라는 단단한 상록수로 수관이 조밀하고 둥글며, 나무껍질이
두껍고 살짝 갈라졌다. 짙고 윤기 나는 잎을 으깨면 방어 물질이 방출되면서
씁쓸하고 장뇌 같은 냄새가 난다. 행운을 염원하며 문 위에 망고 잎을 늘어놓는
인도의 흔한 전통은 곤충을 퇴치하는 특성에서 착안했을지도 모른다.

　　망고는 완벽한 방어로 악명 높은 가문의 일원인데, 위험한 덩굴옻나무와
캐슈너트가 모두 옻나뭇과 식물이다. 둘 다 열매가 부식성 물질로 무장되어
있어서 누군가 이것들을 먹을 수 있다는 걸 발견했다는 자체가 놀라울 뿐이다.
그에 비하면 망고는 아주 약한 수준이다. 줄기에서 가려움을 유발하는 탁한
수액이 나오고, 열매의 질긴 껍질을 씹을 만큼 어리석은 사람들이 쓰라린
느낌을 경험하는 정도다.

　　아, 이런 열매가 또 있을까! 과육이 풍부한 콩팥 모양의 망고 열매는
길고 튼튼한 꽃대에 매달려 품종에 따라 프림로즈 노란색에서 황금색, 심지어
붉은색으로 익어 가며 마치 가루를 뿌린 것처럼 붉게 물든다. 망고의 풍만한
과육은 즙이 많고 오감을 모두 만족시킨다. 색은 힌두 문화에 어울리는
메리골드 주황색이고(99쪽 참조), 캐러멜과 복숭아, 코코넛의 겉맛이 테레빈유의
나뭇진 같은 속맛과 적절한 균형을 이룬다. 달콤하고 신선한 망고를 가루로
만든 암추르를 음식에 넣으면, 말린 과일 조각을 과하게 넣은 셔벗보다는 훨씬
은은하지만 아시아권을 벗어나서는 이유를 알 수 없이 저평가되는 알싸하고
입에 침이 고이는 선명함이 더해진다.

　　한 철에 나무 한 그루에서 망고 3천 개는 거뜬히 나오는데 열매를 맺은
다음 해에는 쉬어야 할 만큼 엄청난 노력이 들어간다. 이처럼 풍족하고 비옥한
식물이 행운과 다산을 상징하는 것은 당연하다. 어떤 지역에서는 신랑과
신부가 망고나무 주위에서 함께 행진을 하기도 하고, 망고나무와 콩과 식물인
타마린드가 우거진 숲에서 결혼식을 하는 경우도 있다. 사랑과 욕망의 힌두
신인 카마는 끝에 망고꽃이 달린 화살로 에로틱한 즐거움을 전파한다.

인도에서 가장 널리 숭배를 받는 신들 중 하나인 가네샤(고난을 없애 주는 신이자 지혜의 후원자)는 코끼리 형상인데 보통 망고와 함께 있다. 실제로 코끼리는 대형 동물의 마음에 들게 진화한 이 열매를 몹시 좋아한다. 코끼리의 대장 속 분비물이 망고 종자의 발아를 촉진한다고 알려져 있고, 코끼리 똥은 망고 새싹에 금수저를 물려 준다.

코끼리와 망고는 16~19세기 무굴 제국의 그림에 자주 등장한다. 이 예술 작품들은 반투명하고 광채가 나는 가루 질감의 황금 노란색을 사용한 것으로, 이 색은 멀리 돌아서 오긴 했지만 어쨌든 망고에서 유래했다. 인디언옐로 색은 무역상들이나 그 가치를 인정한 소수의 유럽 예술가들에게 알려진 것처럼 물이 잘 빠지지 않으면서도 형광색이라 특별히 생생하다. 1883년 이 색소의 제조 과정을 목격한 사람에 따르면, 인도 콜카타 근처의 한 마을에서 소들에게 잔인하게 망고 잎만 먹였고, 그 결과 소들은 경악할 정도로 노란 오줌을 누었다. 그 오줌을 조심스럽게 받아 끓이고 증발시킨 다음 걸러서 만든 노란 가루는 둥글게 뭉쳐서 배분되었다. 이 관행은 20세기 초가 되어서야 금지되었다. 처음에 화학자와 미술사학자들은 반신반의했지만, 2019년에 한 오래된 색소 샘플을 최신 분석 기술로 검사한 결과, 인디언옐로가 정말로 소의 오줌 속에 녹아 있는 망고 잎에서 유래했다는 것이 확인되었다. 전설은 단순한 상상의 색소 이상이었다.

바나나 ^{Banana} & 마닐라삼파초 ^{Abaca},
황금연꽃바나나 ^{Golden Lotus Banana}, 엔셋 ^{Enset}

Musa속, Musella lasiocarpa, Ensete ventricosum

거대한 잎사귀를 달고 하늘을 뚫을 듯한 키로 성장하지만 파초과 식물들은
식물학적으로 나무가 아닌 초본이라 꽃이 지면 죽는다. 줄기는 진짜 나무처럼
목질이 아니라 수십 겹으로 감싸고 겹쳐진 잎자루다.

누구에게나 익숙한 바나나는 지금도 동남아시아에서 자라는 두 야생종을
고대에 교배한 잡종이다. 원래는 단단하고, 먹기 불편한 씨앗을 품은 작고
맛없는 열매였지만, 1만 년 동안 품종이 개량되면서 일찌감치 씨앗이 사라졌고,
그러므로 불임이 되었다. 5억 명을 먹이는 플랜테인(*전분질이 많은 익혀 먹는
바나나류)을 포함해 수백 종의 품종이 사람에 의지해 번식한다. 지하 줄기를
덩어리로 잘라 심으면 유전적으로 동일한 바나나가 자란다.

1년 만에 몇 미터로 훌쩍 자란 다음에는 화려한 꽃을 피우는 데 에너지를
쏟는다. 줄기 꼭대기에서 꽃대가 나오고 남근처럼 생긴 독특한 화서가 자라
포로 둘러싸인다. 보라색 포가 하나씩 뒤로 젖혀질 때마다 십여 개의 원통형
암꽃으로 이루어진 주름진 치마가 드러나는데, 각각은 수분될 필요 없이 하나의
바나나가 된다. 열매는 '손'이라고 부르는 연속된 층으로 발달하고, 꽃대 하나에
열매가 수백 개씩 달려 커다란 여행 가방 무게가 된다. 꽃이 핀 줄기는 처음에
아래로 늘어져 아기 바나나들이 땅을 향하지만, 어느샌가 태양을 바라보며
일어선다. 그래서 바나나 모양이 구부러진 것이다. 3개월이 지나면 마침내
잘 익어 달콤해지고 먹음직스러운 노란색으로 변한다. 신기하게도 이 과정의
부산물이 자외선 아래에서는 푸른색으로 나타나며, 햇빛 아래에서 바나나를
좀 더 도드라지게 만든다고 여겨진다. 자외선 조명이 비치는 나이트클럽에서
농익은 바나나가 발광하는 푸른 형광빛은 꽤나 흥미롭다(바나나 껍질 안쪽의
쓸쓸한 섬유질을 태워 싸구려 환각을 시도한 1960년대 히피들의 근거 없는 열풍에 비하면
훨씬 믿을 만한 오락거리다).

인도는 최대 바나나 생산국이지만, 대부분 국내에서 수요가 충족된다.
수십 종의 품종이 개량되어 질감, 당도, 산도 등은 물론이고 식감, 무늬,
굵기 등 종류가 다양하다. 다들 바나나는 당연히 노란색이라고 알고 있지만
적갈색, 심홍색, 심지어 진홍색 바나나도 있고, 속살까지 분홍색인 것도
있다. 그러나 세계 시장에서 거래되는 바나나의 대부분은 에콰도르, 필리핀,

중앙아메리카에서 온 것들이며, 모두 '캐번디시'라는 단일 품종인데, 윤기가 없긴 하지만 장거리 수송에서 잘 버틴다. 이처럼 복제된 단일 품종에 의존하는 것은 매우 위험하다. 모든 식물이 동일한 해충과 질병에 똑같이 영향을 받기 때문이다. 실제로 화학적으로 가장 많이 공들이는 작물임에도 캐번디시 바나나는 이제 전 세계에 퍼진 치명적인 파나마 곰팡이병에 위협받고 있다.

파초과 식물이 모두 식용으로 재배되는 것은 아니다. 필리핀에서 아바카라고 부르는 마닐라삼파초는 마닐라삼의 원료다. 마닐라삼은 튼튼한 섬유질인데 잘 엮어서 밧줄이나 깔개를 짜고 심지어 공무원들의 필수품인 티백과 '마닐라' 봉투를 만드는 데도 쓰인다. 중국 남서부에서 자라는 키 작은 황금연꽃바나나*Musella lasiocarpa*는 맛없어 보이는 털 많은 열매를 맺지만, 별의 광채와도 같은 아름다운 꽃은 만개한 연꽃을 닮아 불교 신자들이 신성하게 받든다. 이 식물의 줄기를 발효시켜 와인을 만들고 신선한 수액은 숙취 해소에 사용된다. 엔셋*Ensete ventricosum*은 에티오피아 남서부의 시원한 고원 지대에서 자생하는 고귀한 품종인데, 담자색-회색 포가 갈라지면서 강렬한 주황색 내부 표면을 드러내는 어마어마한 꽃차례를 가진다. 열매는 먹을 만하지 않지만, 홍수나 가뭄에 잘 견디는 성질이 있어 2천만 명의 에티오피아 사람들에게는 다른 방식으로 주식을 제공한다. 안쪽 줄기를 가루 내어 잎으로 싼 뒤 뚜껑 덮은 구덩이에서 몇 달간 발효시켜 시큼한 반죽으로 만든 코초는 잘 보관했다가 필요할 때 구워 먹는데, 블루치즈의 고린내가 나서 당황스럽긴 하지만 영양가 풍부한 플랫브레드가 된다.

바나나를 소재로 한 흔한 농담에도 불구하고 바나나에는 몸개그, 유치한 빈정거림, 냉장된 도시락으로 폄하될 수 없는 가치가 있다. 판참루탐은 인도의 바나나 디저트로 사원에 제물로 올린다. 한편, 버터와 진한 흑설탕에 바나나를 재빨리 볶다가 럼주를 넉넉히 부어 불을 내고 아이스크림을 곁들여 내는 바나나 플랑베는 우리들 내면의 아이를 위한 훌륭한 어른용 간식이 될 것이다.

황금연꽃바나나

엔셋

온쥐

마닐라 삼파초

방글라데시
인디고 Indigo
Indigofera tinctoria

관목인 인디고(인도쪽)의 분홍색, 자주색 꽃은 전형적인 콩과 식물의 형태를
띤다. 팔자 콧수염처럼 유쾌하게 구부러진 종자 꼬투리도 마찬가지다. 대칭으로
줄지어 난 타원형 잎은 아이작 뉴턴이 17세기 중반 무지개 색깔에 이름을 붙일
때 파란색과 보라색 사이에 특별히 자리를 마련한 인디고(남색) 색깔의 염료를
만드는 데 쓰인다.

염료를 만들려면 줄기에서 잎을 떼어 낸 다음, 잘 빻고 물에 담가
발효시킨다. 그렇게 해서 곤죽이 되면 공기가 잘 통하는 곳에서 말려 남색
덩어리로 자른다. 이제 염색을 하려면 이 덩어리를 가루로 내어 물에 타는데,
이때 나뭇재와 같은 알칼리성 물질과 함께 첨가하면 물이 빨리 든다. 그런데
당황스럽게도 용액 안에서는 색깔이 사라졌다가 통에서 천을 꺼내 공기가
닿으면 그제야 다시 나타난 강렬한 색깔에 화들짝 놀란다.

인디고라는 이름은 고대 그리스어로 인도라는 뜻인데, 그곳에서는 4천
년 동안 인디고가 사용되었다. '인도식 염색'은 서기 1세기 지중해 지방에서 잘
알려졌고 15세기 폭발적인 해양 무역과 함께 상업적으로 중요해졌다. 그러나
중세 유럽 북부에서는 대청*Isatis tinctoria*이 수익성 높은 청색 원료였다. 두
식물 모두 인디고 염료의 재료가 되지만 대청의 생산량이 더 적었다. 대청 재배
농가의 노력과 유럽 정부의 끈질긴 보호 무역에도 불구하고 인도산 인디고의
유입은 막을 수 없었고, 결국 대청은 대체되었다.

19세기 영국령 인도 제국에서 인디고는 수익성이 좋은 수출품이었다.
그러나 안타깝게 농부들은 영국인 농장주와 대지주들에게 잔인하게
착취당했고 결국 1859년, 현지의 중간 지주들이 벵갈 인디고 봉기를 이끌었다.
1만 명 이상의 시민들이 질서 있게 비폭력 시위를 일으켰고 그 성공이 이후
마하트마 간디에게 영감을 주었다고 한다.

1896년 인도에서는 6,800제곱킬로미터의 땅에 인디고를 심었다. 그러나
1년 뒤 독일 화학회사 바스프BASF가 석유를 기반으로 합성 인디고 염료 제조에
성공하면서 인디고 무역은 역사의 메아리와 반전 속에 붕괴했다. 이제는 거의
모든 인디고색이 합성 염료이고 대부분 청바지를 물들이는 데 사용된다. 그러나
과거와의 인연 속에서 방글라데시(원래는 벵골 지방이었다)의 가내 공업은 이제
천연 인디고를 거래하는 작은 수출 시장을 겨냥해 성장하고 있다.

인디고 ✻ 콩과

중국 & 한국

콩 Soybean

Glycine max

콩(대두)은 약 5천 년 전에 중국 북서쪽에서 재배되기 시작했고 기원후
100년경에는 동아시아에서 흔한 먹거리였다. 그러나 18세기가 되어서야
서양에 도달했고, 1940년대에 제2차 세계대전 당시 중국의 콩기름 수출이
차단되어 북아메리카에서 대량으로 재배할 때까지는 식물학적으로 진기한
생물에 불과했다. 오늘날 콩의 재배 면적은 120만 제곱킬로미터 이상이고 주로
미국, 아르헨티나에서 재배되며, 특별히 브라질에서는 다양한 생물이 서식하고
엄청난 양의 탄소를 격리하는 우림의 광대한 땅을 대체한다. 전 세계에서
대두가 재배되면서 이제 중국은 오히려 세계 최고의 콩 수입국이 되었다.

허리 높이까지 자라는 이 덤불성 식물의 잎과 줄기는 만지면 기분
좋은 부드러운 털로 덮여 있고, 색깔은 반다이크 브라운에서 연한 회색까지
다양하다. 꽃은 라벤더색, 연한 분홍색 또는 흰색인데 나비처럼, 아니면 입술을
내민 듯한 자주색 귓불처럼 생겼지만 모여나는 꼬투리에는 각각 지푸라기
노란색 또는 풀색의 씨, 즉 콩이 몇 개씩 들어 있다. 전형적인 콩과 식물인 콩은
뿌리가 박테리아의 숙주 역할을 하는데, 이 박테리아는 공기 중의 질소를 흙
속에 축적해 비료를 만든다(토끼풀, 30쪽 참조). 완두콩을 비롯한 콩류는 단백질의
구성 성분인 아미노산의 중요한 공급원이다. 특히 대두는 영양가가 가장 높은
식물성 식품의 하나로, 먹을 수 있는 기름이 풍부하고 콩류 중에서도 뛰어난
단백질원이다. 그러나 소화를 방해하는 물질이 들어 있기 때문에 날로 먹으면
안 된다.

세계 인구가 증가하고 단백질과 지방 수요가 치솟으면서 콩은 슈퍼
작물이 되었다. 질소를 사랑하는 옥수수(184쪽 참조)와 번갈아 경작되며 전체
콩 생산량의 4분의 3이 (결국엔 인간의 입으로 들어갈) 가축을 먹이는 데 사용된다.
이처럼 작물을 길러 가축을 먹이고 그 가축을 인간이 먹는 방식은 인간이
직접 식물을 주식으로 먹고 육류를 다양한 콩, 곡물, 견과류, 채소로 대체하는
것과 비교해 통탄할 정도로, 그리고 터무니없이 비효율적이다. 경작되는 콩의
5분의 1이 식용유를 만드는 데 사용되고, 불과 20분의 1을 인간이 먹는데,
한국을 비롯해 발달된 발효 및 응고법으로 콩을 맛있고 잘 소화될 수 있게 만든
동아시아 국가에서 주로 소비된다.

발효는 박테리아, 곰팡이 또는 효모를 사용해 복잡한 유기 분자를 간단한

화합물로 분해하는 과정이다. 열매나 채소의 당분으로 알코올을 생산하는 과정이 가장 대표적인 발효의 예이지만, 그 밖에도 발효는 콩으로 만든 식품을 쉽게 소화되게 하고, 감칠맛을 내고, 채식으로는 부족할 수 있는 비타민B12를 합성한다. 가장 널리 소비되는 콩 제품이 간장인데, 그 속의 글루타민산이 맛을 돋우는 기능을 한다. 달짝지근하고 걸쭉한 '진한' 간장을 좋아하든, 짭짤하고 '가벼운' 간장을 좋아하든, 전통적으로 발효된 양조간장을 먹는 것이 좋다. 저렴한 산분해 간장은 채소 단백질을 인위적으로 가수 분해해서 만들기 때문에 '화학 간장'이라고도 부르는데, 깊은 맛이 부족하다.

　　미소는 두 번 발효한 일본 된장이다. 쌀이나 보리에 누룩곰팡이*Aspergillus*를 접종해 누룩을 만들고 여기에 삶아서 으깬 대두와 소금을 섞은 다음 용기에 넣어 1년 이상 발효시킨다. 미소 된장은 영양가가 높고 맛이 강할 뿐 아니라 뜨거운 물에 풀면 부유하는 입자가 화려하고 불규칙적인 대류 현상을 보이는데, 마법처럼 등장한 패턴을 지긋이 바라보며 명상을 해도 좋을 듯하다.

　　두유는 콩을 갈아서 끓인 다음 안정적이고 영양가 있는 유화액을 만든 것이다. 이 콩물은 두부의 기본 재료다. 두부는 치즈처럼 생겼지만 동물의 젖이 아니라 두유를 굳혀서 만든 것이고, 중국 시장에서는 감히 상상도 하기 힘든 큰 판에 쌓아 놓고 판다. 동아시아에서 두부는 서양의 치즈와 고기에 해당하며 식생활에서나 문화적으로 중요성을 지닌다. 또 다양한 질감과 미묘한 맛이 일품이지만, 어떤 대담한 맛도 담아내는 캔버스로도 즐길 수 있다.

　　그 자체로든, 발효하든, 응고시키든, 콩은 더 폭넓게 사용될 가치가 있는 훌륭한 식품이다. 특히 인간이 육류 소비를 줄이도록 도울 수 있다면 말이다.

중국
왕대 Giant Timber Bamboo

Phyllostachys reticulata (예전에는 *P. bambusoides*)

사탕수수(158쪽 참조)도 꽤나 키가 큰 풀에 속하긴 하지만, 전 세계적으로 특히
따뜻하고 습한 기후 지역에 분포하는 1,200여 종의 대나무(초본 중에서 가장 키가
크다)에 비하면 땅꼬마나 마찬가지다. 중국 원산인 왕대는 참 멋있는 식물이다.
땅 위에서 원형으로 펼쳐진 뿌리로부터 수직으로 뻗어 올라온 개별 줄기를
간稈이라고 부르는데 25미터까지 자라고, 이상적인 조건에서는 하루에 1미터씩
큰다. 줄기는 폭이 대강 손바닥 너비이며 주기적인 간격이 있는데, 살짝 부풀어
오른 마디를 제외하면 전체적으로 놀라울 정도로 폭이 일정하다. 믿을 수 없이
높고 한결같은 줄기들이 들어찬 고요한 대나무 숲은 누군가에게는 평온한
성지이지만, 거대한 천연 감옥에 갇힌 듯한 불편함을 느끼는 사람도 있다.

새로 난 줄기에는 속세를 초월한 완벽함이 있다. 따스한 금빛으로 성숙하기
전까지는 에메랄드 녹색을 띠고, 질기고 윤기 나는 표면에는 감히 곰팡이나
곤충들이 살지 못한다. 많은 대나무가 실리카를 축적한다. 실리카는 모래의
주성분으로 줄기에 강도를 보태고 초식 동물의 접근을 막는다. 실리카 함량이
높은 대나무를 도끼로 내리치면 불꽃이 튄다. 소수의 대나무 종에서는 실리카가
마디에 축적되어 타바시어라는 단단하고 반투명한 덩어리가 생긴다. 반사된
빛은 어른거리는 사파이어 블루색이지만 뒤에서 빛을 비추면 카나리아 또는
머스터드 노란색으로 반짝거리는 타바시어에는 당연히 마법의 힘이 있다.
타바시어는 인도, 중국, 아라비아에서 교역되었고, 전통적인 동양 의학에서는
기침과 천식을 다루며 해독제, 그리고 (자, 놀라지 마시라) 최음제로 쓰인다.

대나무는 보통 땅속줄기에서 무성 생식으로 번식해 스스로 복제하지만,
때때로 (왕대의 경우 수십 년 만에) 꽃을 피운다. 작고 눈에 띄지 않는 꽃이 황갈색과
카키색으로 칙칙하고 치렁치렁한 다발을 형성하는데, 아주 보기 드물다는
점에서만 놀랍다. 대량으로 씨앗을 생산하고 나면 대나무는 시들고 보통은
죽는다. 그러나 놀라운 것은 어떤 대나무 종의 경우, 세계 어디에 있던지 모든
개체가 동일한 유전 저장고를 가지는 한 동시에 꽃을 피운다는 점이다. 오래된
모식물에서 새로 자란 어린 대나무조차 부모와 함께 꽃을 피우고 죽는다.
한 숲에 사는 식물들끼리 어쩌다 한마음으로 꽃을 피웠나 보다고 생각할
수도 있지만, 그처럼 오랜 기간 생물학적 시계가 작동하여 대륙 전체에서
군집성 개화를 일으킨다는 것은 참으로 즐거운 식물학적 미스터리다. 그러나

왕대 ✻ 볏과

집단 개화에 이어 대숲이 일제히 퇴화하고 죽음을 맞이하면 대나무 공급이 부족해지면서 값이 오르고, 갑작스러운 개화로 먹이가 많아진 쥐들의 개체 수가 급증하며 필연적으로 기근과 질병이 뒤따른다. 드물게 한 번씩 일어나는 대나무 개화를 많은 문화에서 불길한 징조로 보는 것도 당연하다.

재료로서의 대나무 과학은 신비로움이 덜하지만 특별하긴 마찬가지다. 대나무 줄기는 본질적으로 속이 빈 관인데, 무게에 비해 강도가 보통이 아니다. 관 자체는 복합적인 재료로 기적처럼 설계되었는데, 벌집 구조에 세로로 긴 섬유들이 채워지며 특히 바깥 가장자리에 가장 튼튼한 섬유가 배치된다. 이 섬유들 사이로 더 작고 미세한 소섬유가 가로세로 층을 이룬다. 이런 복잡한 구조가 대나무에 엄청난 인장 강도와 좌굴에 대한 저항력을 부여한다.

왕대가 가까이 자란 덕분에 중국인들은 교량 건설, 관개 설비, 액체 수송 파이프라인, 소방용 분사기 등을 훨씬 일찍부터 시도할 수 있었다. 대나무 윗가지는 자동 장치나 기계 장치가 달린 장난감에 들어가는 용수철이 되었고, 조각한 대나무는 방앗간의 튼튼한 톱니바퀴가 되었다. 대나무의 독특한 특성을 이용한 발명은 더 있다. 1882년에 토머스 에디슨은 탄화된 대나무 섬유가 튼튼하다는 것을 알고 세계 최초의 전구에 필라멘트로 사용했다. 빠른 생장, 가볍고 튼튼하고 쉽게 조작할 수 있는 특성 때문에 오늘날 대나무는 젓가락에서 가구와 건축까지 수천 가지 용도를 위해 재배된다. 왕대는 끝없이 재생이 가능한 구조재이며, 많은 아시아 국가에서는 한 번에 수백, 수천 개의 대나무 줄기를 단단히 묶어 고층 빌딩 건설 현장에서 비계로 사용한다. 대나무는 튼튼하면서도 매력적인 자연스러움을 무기로 현대 고층 건물들의 삭막함에 맞선다.

대나무에는 동아시아의 정신이 스며 있다. 중국과 일본, 한국의 댓잎 수묵화와 수려한 필법에는 훌륭한 기술이 필요하다. 한편 전통적으로 일본의 보화종 승려들이 자아의 부재를 표현하기 위해 갈대로 만든 두건을 쓰고 연주하는 대나무 악기 샤쿠하치의 애틋한 단조 음은 대숲에 스쳐 지나가는 바람을 떠올린다. 대나무가 없다면 야생 동물 보호의 세계적 상징이 된 대왕판다 또한 없을 것이다.

김 Laver

Pyropia yezoensis

김은 일본에서 중요한 작물이다. 하늘에서 보면 규슈 남서부 섬 주변 양식장에 신기하고 아름다운 추상적 무늬가 조각보처럼 늘어서 있다. 가까이 보면 김의 섬세한 자두빛 엽상체들이 반투명한 손수건처럼 피어오른다. 고작 세포 하나의 두께에 불과한 것들이다.

말린 김을 만드는 전통은 18세기 일본 제지업계에서 영감을 받았다. 바닷말을 수확해 보라색 곤죽이 되도록 갈아 거즈를 깐 틀에 얇게 펴서 말린 다음 층층이 쌓는다. 이 작업 과정과 이어지는 굽는 과정에서 붉은 색소 일부는 파괴되고 그 밑에 가려져 있던 녹색 엽록체가 드러난다. 김의 색깔은 바닷말이 자라고 이후 처리 과정이 이루어지는 물속의 온도와 광물의 미묘한 연금술에 달려 있다. 최상품 김은 눈부시게 반짝거리고 상상할 수 있는 가장 어두운 녹색을 띤다. 김밥을 말거나 국수 위에 뿌리면 바삭하면서도 입안에서 스르륵 녹으며 육지와 바다의 감칠맛이 한입에 느껴진다.

전통적으로 김은 야생에서 채취하거나, 차고 얕은 바다에서 대나무 장대에 그물을 매달고 거기에 붙어 자라는 것들을 수확했다. 육지 식물들과 달리 씨앗도 없고 싹도 트지 않는 것처럼 보이기 때문에 그저 마법처럼 나타날 뿐 누구도 어디에서 오는지 알지 못했다. 생산량을 예측할 수 없어 오랫동안 '도박꾼의 풀'로 불리다가 1940년대에는 수확에 완전히 실패했다.

한편, 일본에서 멀리 떨어진 영국 맨체스터에서는 과학자 캐슬린 드루 베이커가 파래의 생활사를 조사하고 있었다. 웨일스 사람들은 파래를 뜯어서 끓인 다음 파래 '빵'이라고 부르는 유명한 페이스트를 만들어 먹었다. 기혼 여성이 연구직에서 일하는 것을 금하는 정책 때문에 무급으로 일했던 드루 베이커는 1949년에 중요한 논문을 발표했다. 패각에 분홍색 침전물을 형성한 신비로운 미세 유기체가 사실은 김의 독특한 생활사 중 한 단계였던 것이다. 이 지식을 일본 과학자들이 이어받아 연구한 끝에 태풍과 농업 유출수 때문에 패각이 있던 해저층이 사라졌다는 사실을 알아냈고 이를 토대로 믿을 만한 김 양식법을 개발했다. 이제 김의 포자는 세심하게 통제된 상태로 대형 탱크에 매달린 굴 껍데기에서 키워진 후, 그물에 들러붙으면 바다로 옮겨진다. 김은 불과 6주면 수확이 가능하다. 영국에서는 거의 인정받지 못했던 드루 베이커가 일본에서는 김 양식업을 살린 여성으로 추앙받았고, '바다의 어머니'라는 애정

어린 별명으로 불린다.

　　김을 비롯한 해조류는 해류의 물결에 유연하게 움직이도록 진화했으며 생물학이나 의학 연구에서 박테리아와 균류의 표본을 배양할 때 사용되는 한천을 포함한 젤리 같은 물질의 귀중한 원료다. 한천은 끈기가 많은 일본의 화과자를 만들 때에도 쓰이는데 화과자가 상징하는 계절은 한때 김 자체가 그렇게 여겨졌던 것처럼 순식간에 흘러가고, 또 불가사의하다.

일본

국화 Chrysanthemum

*Chrysanthemum*속

발칸반도에서 일본까지 자생하지만, 대부분의 국화는 동아시아 지방에서
진화했고 중국에서는 적어도 2,500년 동안 재배되었다. 데이지와 비슷한
겹꽃차례는 중앙의 수많은 관상화를 설상화가 바깥에서 둘러싸고 있으며,
대부분의 품종이 적어도 10.5시간 밤이 지속되는 시기에 개화하므로 늦가을에
반가운 색을 더한다. 국화는 한 겹짜리, 두 겹짜리, 구부러진 것, 심지어
식물계의 푸들이라고 부르는 구형까지 무수히 많은 색깔과 형태로 교배되었다.

어떤 종은 유용하기까지 하다. 아드리아해 동부 원산으로 노란 중심부
주위로 새하얀 설상화가 나열된 제충국과, 카프카스산맥 원산으로 자홍색
설상화가 피는 적화제충국이 대표적이다. 이 식물들의 꽃과 씨앗 꼬투리에
피레드린이 들어 있는데, 체내에서 생분해되어 포유류에는 해롭지 않으나
곤충에는 신경독으로 빠르게 (그리고 안타깝게도 무차별하게) 작용한다. 이 두
식물은 또한 진딧물을 억제하는 동시에 진딧물을 먹는 무당벌레와 다른 유용한
천적을 끌어들이는 페로몬을 내뿜는다.

세계적으로 국화는 장미 다음으로 가장 유명한 꽃꽂이용 꽃이지만
문화마다 상징하는 바는 다르다. 뉴올리언스, 동유럽 일부, 특히
이탈리아에서는 애도의 마음을 국화로 표현한다. 반면 동아시아에서 국화는
상서로운 꽃으로 회춘, 장수와 연관된 긍정적인 모티프다. 동아시아의 전통
회화에서 국화는 매화, 난, 대나무와 함께 '고귀한 식물'로 여겨지는 '사군자' 중
하나다. 일본에서 가장 높은 국가적 영예는 국화장이며, 어디서나 볼 수 있는
황실의 국화 문장은 이 꽃이 아주 사랑받는 꽃임을 상징한다. 일본의 가을 국화
축제에서는 활짝 핀 수백 송이의 국화가 빛나는 돔을 형성하는 국화 폭포를
전시한다. 컴퓨터 게임의 등장인물로 분장한 어딘가 어색해 보이는 꽃 마네킹이
가부키 극장의 영웅들과 함께 서 있다. 이는 사케 잔에 국화 꽃잎을 띄워 우린
국화주와 확연히 대조된다. 자연을 존중하는 동시에 손대어 빚고자 하는 소망을
전통과 근대성에 결합한 일본 특유의 방식이 아닐 수 없다.

일본 & 한국
은행나무 Ginkgo
Ginkgo biloba

크고 위엄 있고 멋들어진 은행나무는 1천 년도 넘게 산다. 누구라도 알아볼
독특한 부채꼴 잎은 선명한 잉꼬 초록색에서 가을이면 풍부한 마르멜로
노란색으로 경이롭게 변한다. 그 광채는 형광에 의해 두드러져 늙어 가는 잎에
활력을 준다. 낙엽성이고 보통 일시에 잎을 떨어뜨리기 때문에 나무줄기가
마치 황금 바다 위에 떠 있는 배의 돛대처럼 보인다. 이 종은 중국 남동부
다러우 산맥의 보호 지역에만 자생한다고 알려졌다. 다행히 많은 나무가 중국,
한국, 일본에서 신성한 나무로 보호받고 있고, 그에 걸맞게 장수와도 연관된다.
(*2020년 12월 현재, 대한민국에서 천연기념물로 지정된 은행나무는 모두 23그루다.)

　　은행나무가 멸종한다면 엄청난 식물학적 참사가 될 것이다. 화석 기록에
따르면, 이미 2억 년 전에 진화한 놀라운 생존자이기 때문이다. 은행나무는 한때
세계를 지배했으나 6,500만 년 전에 공룡과 함께 거의 전멸하다시피 한 식물군
중에서 유일하게 살아남은 일원이다. '문'은 식물계 바로 아래의 큰 하위분류
단계로, 우리가 아는 모든 구과 식물과 우리가 아는 모든 속씨식물이 각각
하나의 문을 형성한다. 그런데 은행나무는 혼자서 은행나무문이라는 분류군을
형성한다(*은행나무문, 은행나무강, 은행나무목, 은행나무과, 은행나무속, 은행나무다).

　　은행나무는 수나무, 암나무가 따로 있는데, 이는 구과 식물이 원시적인
양치류의 진화적 잔재와 결합한 요상한 혼합물이다. 버들꽃차례를 닮은 수꽃의
꽃가루가 바람에 운반되어 작은 초록색 도토리처럼 생긴 암꽃의 밑씨에서
배어 나온 밀액 방울에 안착한다. 꽃가루는 암꽃 안으로 끌려 들어온 다음,
그 안에서 관을 뻗어 영양분을 흡수한다. 그러다가 몇 주가 지나면 그제야
꽃가루 알갱이가 터지면서 헤엄치는 '정충'을 방출하는데, 형태가 구체에
가깝고 지름이 1밀리미터의 10분의 1도 안 되며 꼬물거리는 꼬리의 힘으로
난자를 향해 여행을 떠난다. 밑씨는 과육이 있는 껍질(외종피)과 함께 열매로
발달하는데, 생긴 것만 보면 작은 살구 같지만 그 냄새는, 특히 농익어 발밑에서
뭉개졌을 때는 좋게 말해 썩은 버터 향이고, 정확히 표현하면 토사물과 개똥을
합쳐 놓은 것 같다. 도시의 가로수로 심을 은행나무는 애초에 양묘장에서
수나무의 싹만 접목해 키워 불평과 민원을 미연에 방지한다.

　　썩은 내가 나는 과육을 싹 제거해 씻고 나면 통통한 피스타치오 같은
딱딱한 중종피가 나온다. 잘 말린 다음 쪼개어 그 안에 들어 있는 은행알을

삶거나 굽는데, 얇은 갈색의 내종피를 벗기면 영롱한 옥색의 초록빛이
드러나고 맛은 밤과 비슷하다. 술집 안주로 나오거나 동남아시아 요리에 흔히
들어가지만, 은행의 능력을 무시하면 안 된다. 그 안에는 '깅코톡신'이라는
독이 들었는데, 앉은 자리에서 한 줌 이상 먹으면 배탈, 현기증, 심지어 경련이
일어나기 때문에 특히 어린아이들은 조심해야 한다. 은행을 즐기는 가장 좋은
방법은 솔잎에 끼워서 구운 다음 은행나무의 아름다움과 경외로운 혈통을
떠올리며 먹는 것이리라.

타 이
생강 Ginger
Zingiber officinale & Z. spectabile

생강속에는 약 150종이 있고, 대부분 남아시아와 동남아시아의 습한
상록수림에서 자생한다. 꽃차례는 보통 솔방울처럼 생겼는데, 잎과는 별개로
땅에서 눈에 띄게 솟아올라온 꽃대 위에 달려 있다. 골무 크기의 연두색
꽃봉오리는 한 번에 한두 개씩 답답할 정도로 천천히 피고, 보랏빛 아랫입술을
삐죽 내민다. 생강의 특이한 형제로 벌집생강*Z. spectabile*이라는 장식용 식물이
있는데, 라디오 안테나 같기도 하고 플라스틱으로 복제한 부지깽이 같기도 한
인위적인 모습이다. 벌집생강은 연한 베이지색에서 황혼의 붉은색으로 진하게
물이 올라 식물원에서 이국적인 매력을 담당한다.

　많은 생강속 식물이 부풀어 오른 뿌리줄기를 갖고 있는데, 향이 좋아
음식의 풍미를 돋우는 데 쓰이며 민간요법으로도 사용된다. 생강의 뿌리줄기는
통통하고 마디가 굵은 손을 닮았고, 코르크질의 얇은 껍질 안에 연한 노란색
속이 있다. 이 손의 손가락을 잘라 심는 방식으로 수천 년간 재배되어 오면서
이제 생강은 야생 상태로는 존재하지 않는다.

　라틴 학명의 '*officinale*'는 '저장실'이라는 뜻으로 수도원의 의약품
보관소를 말한다. 어떤 문화에서는 생강이 만병통치약 수준으로 쓰인다.
메스꺼움, 통증, 소화 불량을 개선하고 일반적인 감기 증상을 완화하는 능력은
임상적으로 증명되었다. 생강에 대한 연구가 부족한 이유는 이미 널리 쓰여서
특허 약물로 개발할 상업적 가치가 떨어지기 때문이다. 생강의 기분 좋은
매운맛을 내는 물질은 입안이나 그 밖의 점막에 닿으면 특히 자극적이다.
비양심적인 말 장수들이 사용하는 소위 '생강 요법'은 생강의 자극적인 성질을
이용해 말의 항문이나 생식기에 생강즙을 발라 말들을 활기차게(?) 만든 것이다.

　생강은 달콤한 레몬 향이 나지만, 깨물면 곰팡내가 나는 뒷맛 때문에
금세 불쾌해진다. 아시아에서는 생강이 들어가지 않은 요리가 없을 정도지만
유럽에서는 주로 달콤한 푸딩, 빵류, 음료에만 넣는다. 와인을 만들기도 하는데,
혈액 순환을 자극하고 메스꺼움을 줄이는 효능을 생각하면 북쪽 지방의
아마추어 선원들 사이에서 인기 있는 이유를 알 것도 같다. 생강 와인은 위스키
맥이라는 칵테일의 베이스로 쓰이는데, 이 칵테일은 차가운 바다에서는 난로를
대신하는 온기를 줄지 모르지만 그 외의 곳에서는 아주 별로다.

코코넛 ^{Coconut}

Cocos nucifera

다년생인 코코넛야자는 열대의 풍족한 삶을 상징한다. 최소한의 노력으로 인간의 긴 필수품 목록을 채워 주는 식물이기도 하다. 음식과 피난처, 연료와 섬유, 식기 도구, 약물과 연고로 쓰일 뿐 아니라 끓여서 끈적하고 진한 야자즙 조당을 만들거나 발효해서 야자 와인(75쪽 참조)을 담근다. 코코넛은 태평양과 동남아시아 문화에 깊이 파고들어 개별 품종과 단계별 숙성도를 나타내는 말이 따로 있을 정도다. 코코넛의 기원은 필리핀과 남서 태평양 사이의 어디쯤으로 오스트로네시아 항해자들의 도움을 받아 선사 시대에 바다를 타고 확산했다. 그 이후로 코코넛은 열대 지방 전역에 심어졌고 오늘날 세계에서 가장 큰 생산 지역은 인도네시아다.

30미터 높이에 이르는 호리호리한 바닷가 코코넛야자의 회색 나무줄기는 특이하게도 물을 향해 우아한 곡선을 그리며 기울어지는데, 다른 식물의 그늘을 피하려는 것이다. 깃털 같은 나뭇잎이 기백 있게 헝클어진 수관은 지속적으로 재생된다. 나뭇잎은 처음엔 하늘을 향해 자라다가 약 3년이 지나면 떨어지고 새로운 잎으로 대체된다. 떨어진 잎이 나무줄기에 남긴 물결무늬가 곧 그 나무의 나이다. 코코넛의 크림 노란색 꽃은 조밀하게 모여 있는 수꽃과 공 모양으로 뭉쳐나는 암꽃이 꽃가지를 공유한다. 꽃이 피고 수확까지 1년쯤 걸리는데, 그동안 코코넛 열매의 바깥벽은 세 겹으로 발달한다. 방수가 되는 맨 바깥 껍질은 초록색이다가 익으면서 갈색이 된다. 질긴 섬유질의 중간층 안에는 낯익은 단단하고 짙은 갈색의 코코넛이 나온다. 식물학에서 코코넛은 '핵과'로 분류하며, 올리브나 자두처럼 딱딱한 포장 안에 씨가 들어 있다.

코코넛이 부모로부터 멀리 떨어진 모래밭에서 발아하게 돕는 특성들은 인간에게도 유용하다. 열매를 보호하고 공기를 가두어 물에 뜨게 하는 섬유층은 질긴 코이어의 원료가 되어 배의 밧줄, 솔, 그리고 현관 앞 깔개를 만드는 데 쓰인다. 이 섬유질은 모래밭에서 싹이 자리 잡도록 돕는 스펀지 같은 뿌리 배지가 되는데, 그 성질 덕분에 원예 시장에서 이탄을 대체한다. 단단한 껍질 속 배젖 안에는 어린나무에 필요한 영양분이 저장되었는데 처음에는 달콤한 향기가 나는 액체로 시작한다. 코코넛 워터라고 부르는 이 액체는 서구에서 건강식품으로 팔리는 가격과 비교하면 현지에서는 말도 안 되게 싸다. 코코넛 열매 한 개에 0.5리터 이상의 물이 위생 용기에 들어 있는 셈이라 가뭄철

귀한 식수원이자 긴 항해의 필수품이었다. 코코넛 워터는 응급 상황에 수분을 보충하기 위해 정맥에 투여될 정도로 살균된 상태다.

열매가 익어 가면서 내부에 우윳빛 반투명 층이 발달하는데 부들거리는 식감을 싫어하는 사람이 아니라면 숟가락으로 퍼서 맛있게 먹을 수 있다. 필리핀 품종인 마카푸노는 젤리 같은 과육이 가득 차 있고 그 상태를 유지하기 때문에 잘라서 설탕을 가미하고 병에 담아 '젤라틴 돌연변이 코코넛'이라는 솔깃한 이름으로 판매한다. 그러나 대부분은 배젖이 서서히 단단해지면서 눈부시게 하얀 지방질 과육이 안쪽 벽을 감싼다. 말린 코코넛 과육인 코프라는 코코넛 기름의 원료인데, 한때는 주요 식물성 기름으로 거래되었고 결국엔 팜유와 콩기름으로 대체되었지만 여전히 귀중한 상품이다.

2킬로그램이나 나가는 열매가 떨어질 때까지 기다리는 대신 키 작은 품종은 칼날이 달린 대나무 장대를 써서 수확하거나 용감무쌍한 사람들은 직접 나무를 타고 올라가 열매를 딴다. 타이 남부와 말레이시아 일부 지역에서는 돼지꼬리마카크를 훈련해 열매를 수확하는데, 그 속도가 사람보다 20배나 빨라 하루에 무려 1,600개를 딴다.

16세기에 포르투갈 항해사들은 이 열매를 '코코'라고 불렀는데 '활짝 미소 짓다'라는 뜻과 세 개의 발아 구멍이 얼굴처럼 보여 '귀신'이라는 뜻도 있다. 안에 들어 있는 작은 배아는 뒤쪽에 있는 구멍으로 먼저 싹을 내보내는데 제대로 뿌리를 내릴 때까지 열매에 잔뜩 저장된 양분을 이용해 다른 식물과의 경쟁에서 버텨 낸다. 묘목은 열매의 안쪽 공간을 완전히 채우는 크림색의 둥근 코코넛 '애플'로부터 물과 영양분을 흡수한다. 시장에서 팔지는 않지만 먹을 수 있고 갈증을 달래는 아삭한 간식이다. 그러나 먹기 전에 한 번 더 생각하는 게 좋다. 애써 싹을 틔운 이 코코넛을 지금 먹지 않고 놔두면 커다란 나무로 자라 한 가족의 식량이 될 테니까.

아주 드물긴 하지만 코코넛 열매에 딱딱한 구체 또는 서양배 모양의 '진주'가 들어 있다는 이야기가 전해진다. 과거 동양의 왕자들은 이를 행운의 부적으로 삼아 대단히 귀하게 여겼다. 심지어 19세기에는 유명 학술지에서 이 진주의 실체를 검증까지 했지만 현대에 와서 분석한 결과, 실제 진주의 구성 성분인 순수한 탄산칼슘으로 되어 있기는 해도 식물이 진주를 키우는 메커니즘은 아직까지 알려진 바가 없으므로 과거 연구자들이 누군가 슬쩍 감춰 둔 진짜 진주조개의 진주에 속은 것으로 보인다.

오늘날 코코넛 열매는 여러 문화권에서 축복받은 행운과 생식력을 상징하며 힌두교의 종교 예식에서 흔하게 제물로 바친다. 매혹적인 코코넛은 세상에서 가장 유익한 나무의 산물이니 그럴 만도 하다.

라플레시아 ^{Rafflesia}

Rafflesia arnoldii

라플레시아는 보르네오와 인근 수마트라섬에 서식하는 대단히 희귀한
기생체다. 뿌리도, 줄기도, 잎도 없이 생의 대부분을 숙주 전체에 스며든 미세한
섬유질로 살아간다. 덩굴 식물인 테트라스티그마*Tetrastigma*로부터 필요한
물과 영양분을 빨아들이지만 정작 숙주는 아무렇지도 않다. 실제로 두 식물은
밀접하게 공존하면서 심지어 숙주의 유전적 요소를 일부 나눠 가졌기 때문에
기생체이면서도 쫓겨나지 않고 산다.

　라플레시아가 얼마나 오랫동안 조신한 기생체로 지내는지는 아무도
모르지만 어쩌다 한 번씩 숙주 덩굴의 벽을 뚫고 싹을 내보내면 1~2년이 지나
숲 바닥에 양배추 같은 싹으로 부풀어 오른다. 그리고 며칠 동안 폭발적으로
생장해 단일화로는 세상에서 가장 큰 꽃을 피운다(세계에서 가장 큰 꽃으로 불리는
타이탄 아룸은 사실 여러 개의 작은 꽃이 모여나는 육수화서다). 무게는 걸음마쟁이
몸무게 정도에 지름이 최대 1미터나 된다. 다섯 개의 커다란 꽃잎은 녹슨
쇠처럼 붉은색 바탕에 연한 반점이 있고 크게 뚫린 둥근 구멍과 어딘가
부자연스러운 내부의 원판을 둘러싼다. 따뜻한 내부에서는 썩어 가는 살점의
냄새가 나는데, 그 강도가 커다란 동물의 사체에 맞먹을 정도라 검정파리들은
주는 것 없는 이 식물에 거부할 수 없이 끌려오고, 라플레시아는 자기가 꾀어낸
파리에게 꽃가루 운반을 맡긴다(데드호스아룸, 49쪽 참조).

　그렇다고 라플레시아의 삶이 녹록한 건 아니다. 싹은 호저나 귀여운
쥐사슴의 먹이가 된다. 그리고 수꽃과 암꽃은 불과 며칠 만에 검은 쓰레기로
변하기 때문에 수분이 되려면 곤충의 활동 반경 안에서 동시에 꽃을 피워야
한다. 꽃가루는 방문객 몸에 묻은 꽃가루 점액 덩어리 안에서 몇 주나 버티기
때문에 수분의 희박한 가능성을 조금이나마 높인다. 기적적으로 암꽃이
수분된다면 열매는 아래에서부터 천천히 자란다. 옛날식 프랑스 치즈의
옆면처럼 생긴 주먹 크기의 열매에는 수천 개의 작은 씨앗이 들어 있다.
씨앗들이 어떻게 퍼지는지는 미스터리다. 나무두더지가 삼켰다가 배설하든지
개미가 멀리 있는 제 집에 저장하든지 할 것이다. 그러다 때마침 덩굴의 뿌리
옆에서 싹이 나면 주저 없이 그 안으로 침투한다. 라플레시아는 서식지 소실로
멸종 위험에 처했다. 또한 이 식물의 끈질긴 번식력 때문에 식물 도둑들이 출산
후 여성의 강장제 또는 불임 치료제로 이 꽃을 몰래 따다가 판다.

인도네시아

육두구 Nutmeg

Myristica fragrans

육두구(넛맥)는 아주 천천히 생장하는 나무로 높이가 20미터까지 자라고, 한때
스파이스섬 또는 몰루카 제도, 현재는 말루쿠 제도로 불리는 인도네시아의
축축한 열대 숲에 자생한다. 꽃은 연하고 눈에 띄지 않지만 향기롭고 앙증맞은
항아리처럼 생겼다. 열매는 테니스공 크기에 노란기가 돌고 작은 반점이
있는데, 한 철이면 나무 한 그루에 수천 개가 달린다. 열매 한가운데 윤기 나는
껍데기 속에 든 씨앗은 향신료로 잘 알려졌다. 육두구 향은 특별하다. 나무
냄새랄까. 따뜻하고, 또 독특하다. 씨앗을 강판에 갈 때 방향유가 저장된 복잡한
도관의 패턴이 서서히 드러나면서 이 향의 즐거움을 배가시킨다.

반짝이는 씨앗을 둘러싸는 것은 즙이 많고 레이스처럼 층을 이루는
관능적인 핏빛의 붉은 가종피다. 가종피 역시 과육성 겉껍질이 둘러싸고 있다가
열매가 익고 과육이 벌어지면 야한 색깔을 드러낸다. 육두구비둘기들에게는
더할 나위 없는 간식이고 씨앗을 퍼뜨리는 심부름 값이다. 붉은 가종피 자체도
메이스라는 향신료로 쓰이고 마르면 베이지색이 되며 육두구보다 향이
부드럽고 복잡하다.

육두구는 적어도 2,500년 전에 인도에 들여왔고 고대 이집트에서도
사용됐다. 그리고 이 향신료의 비결을 2백 년이나 지켜온 아랍 무역상들이
13세기에 처음으로 유럽에 소개했다. 육두구는 비싼 만큼 가치가 있었다.
싱거운 음식의 맛을 살릴 뿐 아니라 부적으로도 사용되었고, 심지어 역병을
예방하거나 치료한다고까지 알려졌다. 1510년 이탈리아 파비아로 가는 여정을
앞두고 레오나르도 다 빈치가 적은 준비물 목록은 다음과 같다. "안경과 안경집,
펜나이프, 종이 몇 장, 메스, 두개골 구하기, 육두구." 당시에는 포르투갈이
유럽의 육두구 무역을 장악했지만, 이후 독점권이 네덜란드로 넘어가면서
철저하게 독점권이 유지되었다. 이들은 육두구를 훔치거나 불법으로 재배,
유통하는 자를 모두 사형시켰다. 그리고 다른 지역에서 발아하지 못하도록
부식성 있는 라임으로 처리한 다음 수출했다.

17세기 초, 영국은 오늘날 반다 제도의 룬섬에서 육두구의 원료를
손에 넣었으나 결국 네덜란드에 의해 내쫓겼고, 그곳의 육두구 나무도 다
파괴되었다. 1667년에 영국은 룬섬의 영유권을 포기하는 대신 북아메리카의
어느 별 볼 일 없는 네덜란드 전초 기지와 맞바꾸었는데, 그곳이 바로

맨해튼이다.

18세기에 육두구가 밋밋한 음식의 맛은 물론이고 육체적 욕망까지 북돋아 준다는 소문이 퍼지면서 유럽 신사들은 주머니에 은 또는 원목으로 만든 강판을 늘 지니고 다녔다(강판 안에 육두구를 넣을 칸까지 있었다). 육두구의 수요와 값이 하늘로 치솟는 가운데, 1770년에 피에르 푸아브르라는 프랑스 식물학자가 모리셔스로 육두구를 밀수하는 데 성공하면서 네덜란드의 독점이 깨졌다. 이 무모한 도전에서 영어의 잰말 놀이, 'Peter Piper picked a peck of pickled pepper(피터 파이퍼가 한 뭉치의 고추절임을 집었지)'가 유래했는지도 모른다. 'Piper'는 라틴어로 'pepper'라는 뜻이고, 'poivre'는 프랑스어로 향신료를 뜻한다. 영국은 마침내 카리브해의 그레나다를 포함한 제국에 육두구 묘목을 도입했고, 이곳은 여전히 세계에서 가장 큰 육두구 수출지다.

소량의 육두구는 온기를 주는 즐거움이지만, 한 번에 씨앗 한두 개 분량을 먹으면 위험할 정도의 최면 효과와 환각을 일으킨다. 구토, 착란, 어지럼증, 부정맥 등의 부작용을 무릅쓰고 육두구를 대량 복용하는 행위는 마약에 도취된 기분이 간절해야만 가능할 것이다. 육두구는 최후에 쓰이는 향정신성 약물로 미국의 흑인 인권 운동가인 말콤 엑스는 1940년대에 감옥에서 육두구를 사용한 이야기를 자서전에 썼다. 이후에 미국 교도소 주방에서는 오용을 막기 위해 육두구 사용이 금지되었다. 또한 학생들은 싼값에 마약에 취한 느낌을 얻으려고 육두구를 먹었지만 대개는 실패했다.

육두구를 잘못 사용하는 가장 흔한 예는 사용하기 전에 너무 일찍 갈아 놓거나 너무 오래 가열하는 것이다. 둘 다 육두구의 귀하디 귀한, 그러나 오래가지 않는 향을 파괴하는 몹쓸 짓들이다. 육두구는 요리의 마지막 순간에 공손한 자세로 갈아야 한다. 그러면 맨 죽도 맛있어질 테니.

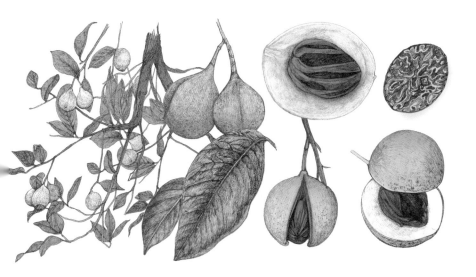

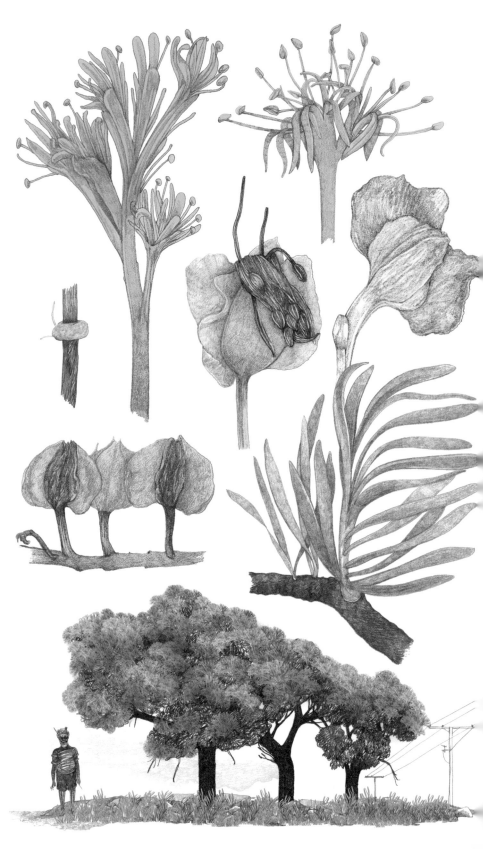

오스트레일리아

크리스마스나무 Western Australian Christmas Tree

Nuytsia floribunda

매년 12월이 되면 크리스마스나무는 제 이름에 걸맞게 변신한다. 완전히 만개한 나무는 황금빛 주황색이 생생하게 빛나는 조명이다. 향기로운 꽃가지는 말미잘처럼 생긴 수십 개의 개별 꽃을 품고 눈부신 햇살처럼 현혹한다. 풍성한 꽃가루는 곤충과 그 뒤를 쫓는 새들을 끌어들이고, 잎은 캥거루와 왈라비를 먹인다.

이 꽃의 위엄은 산불에 검게 그을린 나무줄기를 배경으로 한층 두드러진다. 산불의 강렬한 열기에 나무가 서둘러 꽃을 피우고 3개짜리 날개 달린 열매가 무르익는다. 바람이 쪼개어 멀리 데려가 주길 기다리며 섬유질 많은 갈색 씨앗 뭉치가 조금씩 흘러나온다. 굳이 씨앗이 아니더라도 나무줄기 가까이에서 돋아나는 싹으로 번식할 수 있다.

이 작고 땅딸막한 나무가 오스트레일리아 남서부의 건조한 불모지에서 이토록 활기가 넘치는 것은 불가사의하다. 하지만 놀랍게도 비밀은 이 나무가 세계에서 가장 큰 기생체라는 데 있다. 이들은 이웃에게서 물과 영양분을 갈취하는 식객이다. 물론 제 손으로 탄수화물을 만들기 때문에 엄밀히 말하면 반†기생 생물이지만, 균형 잡힌 식단을 유지하는 방식은 여전히 소름 끼친다.

크리스마스나무는 탐색용 뿌리와 곁뿌리 가지를 멀리멀리 내보내는데, 백 미터는 가뿐하다. 그러다 호구가 될 만한 숙주를 감지하면 뿌리 주위로 도넛 모양의 흡기(*기생균이 숙주로부터 양분을 빨아들이는 기관)가 결혼반지처럼 둘러 자란다. 그 고리 안에서 흡기는 수력으로 조절되는 소형 전지가위를 만들어 날카로운 나무 칼날로 숙주의 뿌리를 자른다. 이제 자신의 뿌리 시스템을 숙주 식물에 부착하면 강도질을 위한 준비가 마무리된다. 그런데 크리스마스나무가 타깃으로 삼는 화학 물질이 공교롭게 플라스틱에도 존재한다. 그래서 마치 공상 과학 소설의 한 장면처럼 크리스마스나무는 땅속에 매설된 전화선을 찾아 끊어 내고, 전선 케이블의 피복을 절단하고 다닌다. 어쩐지 인간과 식물 사이에 힘의 균형을 조절하는 작은 교정 장치 같다는 생각이 든다.

크리스마스나무 ✳ 꼬리겨우살이과

발가 Balga

Xanthorrhoea preissii

거의 30종의 잔디'나무'가 있는데, 대부분이 오스트레일리아 자생이다. 1년에 불과 손가락 너비만큼 자라기 때문에 사람의 키만 한 전형적인 나무도 수령이 2백 년은 족히 되었을 것이다. 나무의 실루엣이 창을 들고 있는 원주민과 닮았다고 해서 예로부터 지금까지 '검둥이 소년들'이라는 무례한 이름으로 불렸다. '발가'는 늉가 토착민이 이 식물을 부르는 이름이다.

발가의 울퉁불퉁하고 종종 불에 그을린 듯한 줄기는 잔디처럼 생긴 이파리가 무성한 수관을 지탱하며, 오스트레일리아 남서부의 관목 지대를 정의하는 특징이기도 하다. 이곳은 산불에 의해 형성된 서식처로 발가가 잘 적응했다. 진짜 나무와 달리 발가의 줄기는 잎 기부의 뭉툭하고 죽은 잔해로 이루어졌는데, 내부의 살아 있는 줄기를 둘러싸며 두꺼운 보호 피복을 형성한다. 발가의 조밀한 수관은 생장하는 식물의 끝을 보호해 화염에 살아남도록 시원하게 유지하고 수십 마리의 곤충과 소형 유대류의 든든한 피난처가 된다. 산불은 발가가 꽃을 피우도록 자극한다. 지옥 불이 지나가면 맨 처음 꽃을 피워 잿빛 풍경에 생명을 색칠한다. 잎이 없는 막대가 수관에서 지팡이처럼 수직으로 뻗어 나오고, 그 끝에 길게 달린 화서는 손목 굵기에 길이가 빗자루 손잡이만 하다. 발가의 황동색 화서는 수백 개의 꽃자루 없는 꽃이 모여 기둥을 이루며 각 꽃은 별 모양에 크림 화이트색이다. 꽃꿀은 곤충들과 동박새류를 끌어들이고, 꽃가루받이가 끝난 뒤 만들어지는 삭과는 짙은 마호가니 갈색으로 광택이 있고 뾰족하다.

늉가인들은 전통적으로 발가의 다양한 부위를 활용해 왔다. 이 식물은 토착 민족의 독창성, 그리고 자연과의 지속 가능한 공존의 상징이 되었다. 꽃대는 사냥에 쓰일 창이 되고, 꽃은 물에 우려 원기를 돋우는 음료가 되며 발효해서 마시기도 한다. 줄기 아랫부분에서 나뭇진(학명의 'xanthorrhoea'는 '노랗게 흐른다'는 뜻이다)을 채취하다가 가열하여 나무 손잡이에 도끼 머리를 붙이는 데 쓴다. 이 진은 물건을 수리할 때 방수제 역할도 한다. 통통하게 살이 오른 바르디 굼벵이는 썩어 가는 발가 줄기 안에 사는 딱정벌레 유충인데, 현지인들의 영양 만점 식단이다. 볶으면 밤 맛이 난다.

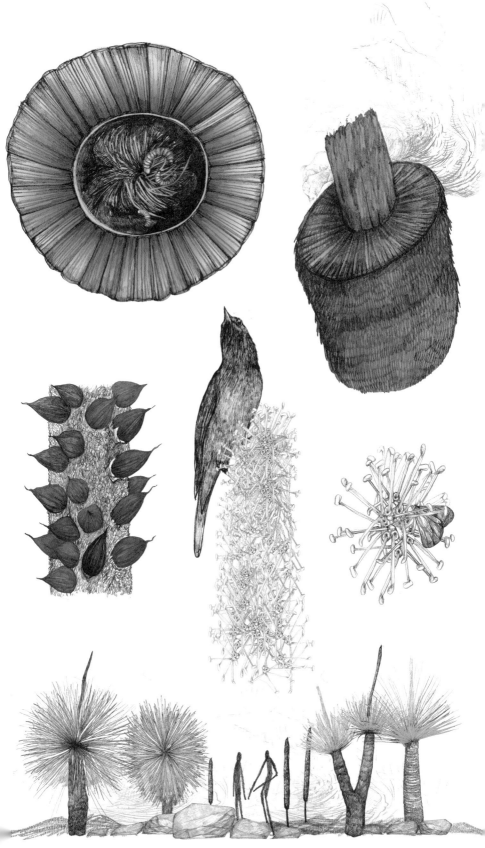

양귀비 Opium Poppy

Papaver somniferum

모르핀, 헤로인, 그리고 다른 아편성 약물에 원료를 제공하는 양귀비의
원산지는 소아시아이고 최대 불법 공급원은 아프가니스탄이다. 하지만 터키,
스페인, 그리고 특히 오스트레일리아 태즈메이니아(세계의 최대 합법적 생산지)의
광활하고 잘 통제된 밭에서는 제약 원료로 재배된다.

　　허리 높이까지 자라고, 톱니 모양의 청록색 잎과 과육성 줄기를 가진
양귀비는 친숙하고 무해한 주황색 사촌, 개양귀비와 꽃의 구조는 비슷하지만
훨씬 튼튼하다. 꽃잎은 연한 라일락색 또는 자주색이고, 중심으로 갈수록 색이
짙어지고 구겨진 티슈처럼 잘 찢어진다. 조각된 항아리 모양의 씨앗 꼬투리에는
쪼글쪼글한 뚜껑이 달렸는데 여기에서 작고 검은 씨앗을 후추처럼 뿌려
댄다. 씨앗에는 먹을 수 있는 기름이 들어 있고, 꿀과 함께 가루 내어 맛있는
페이스트리의 속을 채운다. 또 (대개는 불필요하게) 빵을 장식하는 용도로도
사용된다. 양귀비 씨가 들어 있는 베이글을 먹고 일주일 뒤면 약물 검사에서
양성 반응을 보일 수 있지만, 씨앗에 들어 있는 아편제의 양은 생리학적 효과를
일으킬 만큼 많지 않다. 그러나 익지 않은 초록색 씨앗 꼬투리를 칼로 그을 때
배어 나오는 유액은 약효가 뛰어나다. 이 유액이 마르면 아편이라는 끈적한
갈색 수지가 된다.

　　아편의 성분인 모르핀은 양귀비가 방어용으로 생산한 물질이지만,
인체에서는 진정 효과를 주고 체내에서 자연적으로 생성되는 엔도르핀을
모방하므로 강력한 진통 효과는 물론이고 종종 극도의 희열감을 준다. 그러나
과다 복용하면 호흡이 느려지면서 질식하여 사망할 수 있다. 모르핀 외에도
아편에 들어 있는 다른 물질들은 근육 이완제, 소염제, 기침 억제제 기능을 하며
그 자체로도 매우 가치가 있고, 다른 많은 약물을 제조하는 데에도 사용된다.

　　아편은 적어도 7천 년 동안 효과적인 진통제로 사용되었다. 고대
그리스에서는 불안, 불면증, 통증 치료제로 유명했지만, 그 위험성도 잘
알려져 있어서 양귀비는 꿈의 신 모르페우스와 잠의 신인 히프노스, 죽음의
신인 타나토스에게 바쳐졌다. 강한 중독성이 알려졌음에도 19세기에 유럽과
북아메리카에서 아편은 여전히 사회적으로 허용되었고, 사람들은 호화로운
'오리엔탈' 아편굴에서 연기를 피우거나 알코올 음료에 녹인 로더넘(아편틴크의
옛 이름)을 복용했다. 에드거 앨런 포, 그리고 특히 새뮤얼 테일러 콜리지 같은

작가들이 아편 애호가들이었다. 실제로 콜리지의 「쿠블라 칸」은 로더넘을
복용한 상태에서 작업한 작품으로 알려졌는데, 창작의 절정기에는 일주일에
수백 밀리리터라는 불가능한 양을 복용했다고 한다.

　　18, 19세기에 아편은 중국에서 인기를 끌었고, 수요가 현지 공급을
앞지르자 동인도 회사(사실상 영국 정부의 무역 기관)가 끼어들어 중국의 차,
비단, 향료 대금을 지불하는 대신 영국령 인도의 플랜테이션에서 아편을
수출했다. 중국 황제들은 아편이 사람들을 중독에 빠트리고 경제와 공공 도덕을
훼손한다고 판단해 수입을 제한했다. 그러나 당시 세계에서 가장 돈이 되는
무역 상품인 아편은 빈틈없이 조직된 네트워크를 통해 지속적으로 밀수되었다.
1838년, 중국 황제가 아편을 단속하고자 수 톤의 아편을 압수해 바다에
버린 일을 빌미로 영국군은 제1차 아편 전쟁을 일으켜 중국 항구를 봉쇄하고
폭격했으며, 결국 중국 황제는 불명예스럽게 굴복했다. 이어지는 합의에서
중국은 막대한 배상금을 지불하고 홍콩을 영국에게 양도할 수밖에 없었다. 아편
무역은 다시 활기를 띠면서 재개되었고, 19세기 중반에는 중국의 남성 인구
가운데 4분의 1이 정기적인 아편 사용자였다는 통계가 있다. 1856년 제2차
아편 전쟁으로 마약 거래가 확장되고 시장이 더욱 개방되었다. 아편 전쟁을
영국의 황금기로 볼 수는 없다. 게다가 아편 시장을 극대화하기 위한 19세기의
자국 이익 중심 정책은 현대 미국에서도 불편한 유사점을 보인다. 제약
회사에 독려를 받은 의사들이 이 유혹적이고 거부할 수 없는 식물에서 파생된
오피오이드(마약성 진통제)를 과도하게 처방하고 있기 때문이다.

은나무고사리 Silver Tree Fern

Cyathea dealbata

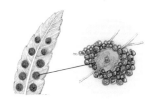

양치류는 그늘과 습기의 식물이자 뉴질랜드의 축축한 숲을 풍성하게 장식하는 특징으로 이곳에는 2백여 종의 양치류가 자란다. 은나무고사리는 천천히 자라 10미터까지 도달하고, 잎이 중심에서 우아한 아치를 그리며 우산처럼 펼쳐지는데 잎 하나가 카누 한 척 길이와 맞먹는다. 어린잎은 돌돌 말려 억눌린 상태에서 자신을 펼쳐 내는데, 나선형으로 감아올린 이 형상은 마오리족의 흔한 문양인 코루를 나타내고 생장과 재생을 상징한다. 잎이 죽어서 떨어지면 거친 줄기에 잎의 기부만 남는데 겹겹이 쌓이다 보면 허벅지 두께가 된다. 잎의 밑면은 자라면서 흰색 또는 심지어 은색으로 변한다. 밤에 숲길을 따라가면서 잎을 위로 젖히면 달빛을 반사하는 밝은 길 표시가 된다.

그러나 이 감탄스러운 땅 위의 양치류는 이야기의 절반밖에 되지 않는다. 잎의 밑면에는 갈색 컵 모양의 포자낭이 기분 나쁠 정도로 규칙적인 패턴을 그린다. 포자낭은 포자를 생산하는 기관이다. 포자들이 축축한 표면에 내려앉아 싹을 틔우면 고사리 생활사의 새로운 단계가 시작된다. 손톱 크기에 하트 모양을 한 보잘것없는 이 식물을 전엽체라고 한다. 전엽체는 성비를 기막히게 조절하는 화학 신호에 따라 수컷도 암컷도 또 암수가 동시에 될 수도 있다. 전엽체는 땅바닥에서 평평하게 자라면서 축축한 밑면에 작은 생식 기관을 만든다. 수컷의 생식 기관은 정자를 생산하는데, 편모라는 미세한 털을 장착했다. 물기가 있는 곳이면 정자는 암컷의 성세포가 있는 곳까지 수 밀리미터를 헤엄쳐 간 다음 고사리로 자란다(고사리가 사막에는 살지 않는 이유다). 한편 전엽체는 죽는다.

습기 찬 영국의 섬들도 훌륭한 양치류 번식지다. 1840년대 빅토리아 시대의 영국은 '고사리 마니아'들이 장악했는데, 이 강박적 유행이 거의 반세기나 지속되었다. 고사리는 여러 면에서 빅토리아 감성을 자극했다. 소엽이 전체 잎의 모양을 닮은 프랙털 구조에는 절제되고 안정된 질서가 있다. 또한 은근하고 소박한 번식 방법은 꽃을 피우는 일반적인 식물의 야단스러운 성생활도, 새나 벌도 요구하지 않는다. 산업 도시의 대규모 주택 단지 어두운 그늘에서도 잘 자라 인기가 좋았지만, 지성과 분별력을 가진 이들에게 유독 어울리는 식물이라 하여 불티나게 팔렸다.

고사리 수집은 건전하고 건강에도 좋은 전 국민의 취미가 되었다. 찰스

디킨스는 무감동증에 걸린 딸에게 고사리 돌보기를 권했다. 고사리 사냥은 인기 있던 사교 모임으로, 남녀가 뒤섞여 바구니를 들고 뒤를 따르는 조수들과 함께 고사리를 찾아다녔다. 고사리 책과 학회가 붐을 이루었고, 고사리 재배용 유리 상자와 잎을 압착하고 보관하는 장비 등 고사리 전문 용품도 유행했다. 희귀한 고사리를 찾아 시골을 뒤지는 전문가들과 집집마다 다니며 고사리를 파는 장사꾼들 때문에 어떤 종은 멸종될 지경에 이르렀다. 그러자 새로운 종에 대한 열망이 제국의 식민지에서 수입한 양치류에 쏠리게 되었다.

영국의 수집가들은 뉴질랜드산 마른 고사리를 앞장서서 거래했다. 두꺼운 종이, 압착된 식물과 이름표가 포함된 고사리 키트가 DIY 시장에 공급되었고, 한편 상류층 고객들은 태평양을 배경으로 고사리를 장식한 맞춤형 원목 상자를 주문했다. 살아 있는 포자를 포함한 이 상품은 이동식 양묘장으로서 기능을 추가했다. 양치류 관광도 유행했다. 고사리 식물원이 세워지고 영국 여행자들을 위한 안내 책자에는 고사리를 관람하기에 가장 좋은 구역이 표시되었다. 수공예품, 사진, 작은 장식품 등 고사리 제품도 함께 팔았다. 1860년에는 야생적이면서도 품위 있는 은나무고사리가 영국에서 '이상적인 정원 장식품'으로 홍보되었다. 하지만 1901년, 빅토리아 여왕이 서거한 뒤로는 고사리 열풍도 시들해졌다. 뉴질랜드에서 고사리 잎은 어디서나 볼 수 있는 이 나라의 상징이자 사랑받는 올블랙스 럭비팀의 경기 유니폼을 장식한다.

뉴질랜드

나무후크시아 Tree Fuchsia

Fuchsia excorticata

유럽과 북아메리카 정원의 절제된 후크시아와 달리 나무후크시아(뉴질랜드에서는
코투쿠투쿠라고 부른다)는 눈길을 끄는 나무다. 높이가 15미터까지 자라는
세계에서 가장 큰 후크시아 종이기도 하다. 울퉁불퉁한 나무줄기, 적갈색으로
길게 벗겨지는 종이질의 나무껍질, 은빛 무성한 초록 잎을 밑에서 보면 마음이
설렌다. 수백만 년 동안 이어진 온화한 기후 속에 잎이 1년 내내 화학적 마법을
완벽하게 수행하는 뉴질랜드에서는 보기 드물게 낙엽성이다. 이 신기한 현상을
두고 마오리족은 이런 속담을 만들었다. "코투쿠투쿠 낙엽이 질 동안 어디에
있었느냐?" 왜 필요할 때 자리에 없었냐는 뜻이다.

후크시아는 대롱대롱 매달린 분홍색과 주홍색 꽃으로 유명한데, 새들에게
꽃가루 배달 서비스와 맞바꿀 달콤한 꽃꿀이 있다고 홍보한다. 그러나
특이하게도 나무후크시아는 붉은색을 이용해 새들에게 다른 꽃으로 가 보라고
말한다. 나무후크시아꽃은 단계에 따라 색깔이 변한다. 초록색으로 시작해
꽃꿀이 가득 차 있을 때는 보라색이 되고, 꽃가루받이가 끝나 꽃꿀이 동이 나면
빨간색이 된다. 새들은 보상을 주지 않는 꽃은 찾아가지 않는 법을 배웠다.
덕분에 두 종 모두 에너지를 아낀다.

다른 부위와 눈에 띄게 대비되는 꽃가루는 밝은 인디고 블루색이고
투이새와 방울새가 이 꽃 저 꽃 자유롭게 돌아다닐 때 머리가 스치기 딱 좋은
각도와 위치에 배치되었다. 과거 푸른색 염료가 귀했던 뉴질랜드에서 젊은
마오리인들은 이 끈적거리는 꽃가루를 모아 입술을 칠하고 얼굴을 장식했다.

뉴질랜드의 고립된 식물상은 천적이 없는 외래 해충과 새로운 질병에
유난히 취약하다. 1830년대에 유럽 정착민들이 모피 산업을 육성하려고
오스트레일리아 토종 솔꼬리포섬을 도입했는데 고향에서는 뱀, 딩고, 산불
등에 의해 수가 제어되고 심지어 국가의 보호까지 받는 동물이지만, 천적이
없는 뉴질랜드에서는 나무후크시아 잎을 탐욕스럽게 갉아먹으며 활개를 쳤다.
다행히 포섬 퇴치 운동이 긍정적인 효과를 보인 덕분에 나무후크시아는 그
울음소리가 마오리족 언어로 이 나무 이름과 같은 새들의 보금자리로 남을 수
있게 되었다.

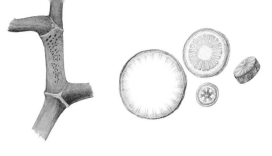

바누아투

카바 ^{Kava}

Piper methysticum

1770년대 제임스 쿡 선장의 태평양 탐험에 동행한 박물학자 요한 게오르크 포스터는 섬사람들이 식물의 뿌리에서 추출한 발효되지 않은 즙을 마시고 취하는 것을 똑똑히 보았다. 그 식물은 카바라는 덤불성 관목으로, 손바닥만 한 하트 모양의 잎과 (대나무처럼) 검은색 띠로 확실하게 마디가 나뉜 점박이 줄기가 있다. 카바를 후추의 친척으로 생각한 포스터는 '중독성 후추'라는 뜻의 파이퍼 메티스티쿰*Piper methysticum*이라고 이름 붙였다.

카바의 원산지는 약 80개의 섬으로 구성된 바누아투로 추정되며, 그곳에서 3천 년 전부터 재배되다가 항해하는 이민자들에 의해 오세아니아 전역에 퍼졌다고 여겨진다. 이민자들의 대형 쌍동선은 떠다니는 양묘장으로, 사람들은 카바뿐 아니라 바나나, 타로, 빵나무 열매처럼 장거리 항해에서도 살아남을 식용 식물을 들고다녔다. 축축한 열대 기후에서 이 작물들은 꺾꽂이를 통해 새로운 땅에 서둘러 자리 잡았다. 그러나 몇 세기에 걸친 품종 개량으로 어떤 종은 스스로 꽃을 피우고 씨를 맺는 능력을 잃어버렸다. 카바 역시 이제는 완전히 인간의 손에 번식을 맡긴다.

카바는 고도 150~300미터 지역에서 가장 잘 자란다. 그래서 사람들은 울퉁불퉁한 화산 지대의 가파르고 미끄러운 빗길을 오가며 작물을 키웠다. 약 4년이 지나면 식물을 통째로 뽑아 수확하고 뿌리나 낮은 줄기의 옹이는 햇볕에 조심스럽게 말린다.

사람들이 이 번거로운 작업을 마다하지 않는 이유는 카바의 종교적, 사회적 중요성 때문이다. 카바의 나뭇진에는 향정신성 화학 물질인 카발락톤이 들어 있는데, 미세한 입자의 상태일 때만 위벽으로 흡수된다. 포스터가 '상상할 수 있는 가장 역겨운 방법'이라고 묘사한 이 과정은 전통적으로 성관계를 하지 않은 소년 소녀들이 한자리에 모여 카바 뿌리를 씹고 그 내용물을 타오나라고 하는 카바 그릇에 뱉는다. 오늘날에는 보통 판자에 대고 산호 조각으로 갈아서 사용하지만 그 과정 역시 거창하긴 마찬가지다. 어느 쪽이든 혼합물에 물이나 코코넛밀크를 첨가해 잘 치댄 다음 짜서 걸러 낸다. 그 결과물인 탁한 회색의 유화액은 시큼하고 쓰다. 카바를 코코넛 껍데기에 담아 한 번에 들이키고는 조상에게 소원을 빈 후 곧바로 뱉어 낸다.

처음엔 입과 입술이 마비되는 느낌이 들지만, 곧이어 고요한 가운데 놀라울 정도로 맑은 정신과 함께 행복하고 유쾌해진다. 복용량이 늘어날수록 정신이 멍해지면서 속이 메스껍지만 술에 취했을 때와는 달리 소란을 일으키거나 거칠어지지 않는다. 카바를 한두 모금 들이켜고 나면 누군가를 미워하기가 너무나 힘들어진다. 카바는 남성의 음료이고, 통과 의례나 종교 의식, 그리고 특별한 방문객을 환영하는 자리에서 쓰이지만, 보통은 해가 질 무렵 작은 모닥불 주위에 옹기종기 모여 대화하면서 복용한다.

카바가 신이나 조상의 영혼과 연결해 준다는 섬사람들의 '이교도적' 믿음을 못마땅하게 여긴 기독교 선교사들은 카바를 금하려고 애썼다. 식민지 시대와 선교 시대에 카바 사용의 감소는 독립 후의 부활과 뚜렷한 대조를 이루는데, 이 지역을 방문한 영국 여왕과 교황이 대중 앞에서 카바를 마신 행위의 상징적 의의가 여기에 있다.

카바가 안전한가? 20세기 후반 서구에서 복용자들의 간이 손상된다는 보고가 있은 후 많은 나라에서 카바 수입과 판매가 제한되었다. 그러나 간에 무리를 주는 사례는 용제를 사용해 고용량으로 추출한 약제와 연관된 것으로 보인다. 또한 카바에 다른 약물이나 보충제를 결합했을 수도 있다. 최근 연구 결과에서는 전통적인 방식으로 즐길 경우 카바는 상대적으로 무해한 약물이라는 점을 시사한다.

일부 태평양 섬에서는 불면증과 불안증이 유발되기 쉬운 사람들의 치료제 개발을 위해 정부가 나서서 카바 재배를 장려한다. 카바와 카바락톤은 섬 주민들에게 언제나 조용하게 위로를 주며 궁극적으로는 최면성 피난처를 제공해 왔다. 그 경험의 정신적, 사회적 범위를 오롯이 유리병에 담기는 어려울 것이다.

판다누스 텍토리우스

판다누스 Screw Pine

*Pandanus*속

열대 아프리카, 동남아시아, 오세아니아의 판다누스속 식물 650종은
전형적으로 습한 해안 지역, 섬, 산호 환초에서 자란다. 태평양 섬 지방에서는
코코넛만큼이나 중요해 식량, 섬유, 건축 자재, 약품, 피난처를 제공한다. 또한
해안 침식과 해풍을 막거나 사유지 경계를 표시하기 위해 심어진다. 나무줄기
아래에 스커트처럼 비스듬히 펼쳐진 뿌리를 지주근이라고 하는데, 비록 근연
관계는 아니라도 맹그로브를 떠올린다. '나사소나무'라는 영어명은 잎의 나선형
배열과 파인애플처럼 생긴 거대한 열매에서 유래했다. 질긴 섬유질 잎은 장검
모양이고 가장자리에 날카로운 톱니가 있다. 누벨칼레도니에서는 까마귀들이
잎에서 미늘이 달린 부분을 벗겨 낸 다음, 틈새에 숨어 있는 곤충의 유충을 낚는
용도로 사용한다. 인간이 아닌 동물이 먹이를 찾을 때 사용하는 가장 복잡한
도구에 해당한다.

판다누스는 이중 전략으로 종자를 퍼트린다. 판다누스의 종자는 담수,
해수에서 모두 잘 생존하므로 섬과 섬 사이를 이동할 수 있다. 동시에 열매의
과육에 이끌린 도마뱀, 게, 설치류, 다양한 새와 인간에 의해서도 씨가 퍼진다.

키리바시에서 테카이나라고 부르는 판다누스 텍토리우스*Pandanus
tectorius*는 오스트레일리아 퀸즐랜드 자생이지만 태평양 지역 전역에
확산했다. 둥근 열매는 백 개가 넘는 쐐기 모양의 지골이 빼곡히 들러붙어
단단한 구를 형성하고, 익으면서 중심이 주황-빨강으로 변한다. 반으로 자르면
안이 마치 지구의 내부 구조를 보는 듯하다. 각 지골은 기부가 끈적거리는
질감이고 사탕수수와 망고 맛이 나며 비타민 A와 C가 풍부하고 열량이 높다.
여럿이 모였을 때 간식으로 즐겨 먹으며 흡연과 수다에 동반된다. 열매를
볶아서 말린 다음 모칸을 만들기도 하는데, 대추 맛이 나는 달콤한 반죽으로
기근이나 장거리 항해를 대비한 식량이다.

판다누스속의 다른 종인 판다누스 아마릴리폴리우스*P. amaryllifolius*는
간단하게 '판단'이라고 부르고, 동남아시아 요리에서 건초 같은 향을 낼 때 흔히
사용된다. '아시아의 바닐라'라는 표현 때문에 헷갈릴 수 있지만 바닐라 향은
전혀 나지 않는다. 판단의 풍미는 타이에서 판단 잎으로 만든 작은 바구니 안에
넣고 찐 밥에 잘 스며 있다. 또한 밝은 초록색의 판단 시폰케이크는 꽃과 풀의
묘한 느낌과 야한 색깔을 잘 살렸다.

파푸아 뉴기니에서 마리타라고 불리는 판다누스 코노이데우스*P. conoideus*의 열매는 시뻘건 어뢰처럼 생겼는데 사람의 넓적다리만큼 길어 우스꽝스럽다. 마체테로 쪼갠 다음 잎으로 싸서 화덕에 굽고, 기름진 주홍색 과육을 물과 함께 손으로 치대어 씨앗을 분리한다. 그렇게 만든 마리타 소스는 요리에 사용되거나 말도 안 되게 과장된 광고와 함께 건강식품으로 시장에 팔린다.

또 다른 뉴기니 종인 판다누스 줄리아네티*P. julianettii*는 현지에서 카루카라고 부르며, 축구공 크기의 무거운 열매에는 가운뎃손가락 크기의 뾰족한 지골 수백 개가 뭉쳐난다. 카루카 씨앗은 호두 같은 맛과 기름, 유난히 높은 단백질 함량 때문에 인기가 좋아서 수확기가 되면 동네 사람들은 물론이고 돼지들까지 고원으로 몰려간다. 예전만큼은 아니지만, 카루카를 수확하는 사람들은 종종 고유한 '판다누스어'로 서로 소통하는데, 카루카 수확기에 경작지에서 숲속으로 이동할 때 주로 사용한다. 이 언어의 고유한 문법과 약 1천 개로 구성된 단어에는 물기가 많다거나 맛과 질감이 좋지 않다는 등 열매의 원치 않는 특징과 관련된 용어가 의도적으로 배제되었는데, 이는 악령의 심기를 건들지 않기 위해서다.

판다누스는 오세아니아 사람들의 문화와 삶에 깊이 들어와 있다. 그중에서도 가장 중요한 것은 판다누스의 잎으로 만든 돛 덕분에 초기 항해자들이 광활한 태평양을 탐험하고 이주할 수 있었다는 사실이 아닐까 싶다.

판다누스 줄리아네티

판다스 코르이데우스

마르키즈 제도(프랑스령 폴리네시아)

쿠쿠이나무 Candlenut Tree

Aleurites moluccanus

동남아시아가 원산지인 사랑스럽고 둥글고 그늘진 상록수, 쿠쿠이나무는
수천 년 전 토착민들에 의해 태평양 주변으로 퍼져 나갔다. 잎에는 가는 털이
나 있고, 연한 밑면 덕분에 멀리서 보면 나무에 은녹색이 감돈다. 작고 달콤한
향기가 나는 꽃은 다발로 피고, 태양의 황금빛 중심을 둘러싼 하얗고 섬세한
다섯 개의 꽃잎이 달린다. 당구공 크기의 열매는 익으면 칙칙한 갈색이 되고
얼룩진 종이질 껍질에 둘러싸인 두 개의 연한 베이지색 종자가 들어 있다.
이 '너트(견과)'는 불을 밝힐 정도로 기름기가 많아서 이 나무의 영어명이
'캔들너트'가 되었다.

쿠쿠이나무가 상징수인 하와이에서는 이 나무의 오일로 트거나 덴 상처를
치료한다. 그리고 견과는 펜던트로 예쁘게 조각하거나 줄에 꿰어 화관이나
하와이 화환을 만든다. 날것으로 먹으면 설사를 일으키지만, 구운 다음 소금을
뿌려서 만든 이나모나는 날생선 요리인 포케에 들어가는 필수적인 양념이다.
그러나 쿠쿠이나무가 가장 크게 기여한 곳은 타투(문신) 예술이다. 타투라는
단어 자체도 원래 폴리네시아 말이다.

문신용 먹물을 만들려면 햇볕에 말린 쿠쿠이나무 열매에 불을 붙인 다음
그 노란 불꽃 위에 조개껍데기, 판판한 돌 또는 빈 코코넛을 대고 기다린다.
그렇게 만들어진 유난히 고운 그을음을 코코넛 물(살균된 깨끗한 물, 123쪽 참조)과
섞어서 사용한다. 타투는 종교 의식의 한 과정일 뿐 아니라 대단히 고통스럽고
목숨까지 위협한다. 타투 예술가들이 소독되지 않은 나무 빗이나 거북이
등딱지, 인간의 뼈, 상어의 이빨 등을 도구로 사용했기 때문이다. 첫 바늘땀에서
치유의 마지막 단계까지 시련은 몇 달이나 지속되었다. 그래서 복잡한 문신은
존경을 부르는 인내심의 상징이다.

마오리족의 소용돌이, 솔로몬섬의 군함새, 마르키즈 제도의 둥근 아치와
원형 등 섬나라마다 고유한 타투 문양이 있다. 사회적 지위와 가족의 역사는
맞춤형 디자인을 통해 계승되었고, 여기에 수십 년에 걸친 삶의 경험이
통합되었다. 예를 들어, 눈 주위의 나선형은 용맹성을 나타낸다. 어떤 사람은
평생에 걸쳐 눈꺼풀, 콧구멍 속 그리고 잇몸에까지 문신을 새긴다.

1760년대 후반에 제임스 쿡 선장과 박물학자 조지프 뱅크스 경은
'타타우tatau'(현지어로 '표시하다'라는 뜻)를 가진 사람들을 보았고, 많은 선원이

쿠쿠이나무 ✱ 대극과

폴리네시아 문신을 몸에 새기고 돌아왔다. 타투는 유행을 타기 시작했고 1830년대 무렵에는 대부분의 영국 항구에 적어도 문신 기술자가 한 명씩은 존재했다. 남태평양에서는 식민지 시대에 문신 기술이 쇠퇴했다가 최근에 지역 전통을 부활시키려는 움직임(카바와 함께, 140쪽 참조)과 함께 되살아나고 있다. 타투가 역사와 문화 속에서 자랑스러운 공공의 표식이었던 시대를 회상하면서 말이다.

마테나무 ^{Yerba Maté}

Ilex paraguariensis

남아메리카 원산인 마테나무는 상록성 관목으로 기회만 주어지면 꽤 크게
자란다. 꽃은 황백색의 작은 스푸트니크 위성이 다발로 모인 것 같고, 가까운
친척인 서양호랑가시나무*Ilex aquifolium*처럼 새들에게 친화적인 주홍색
열매가 열린다. 그러나 인간에게 특별한 것은 잎이다. 튼튼하고 반질반질하며
가장자리가 톱니 모양인 마테나무 잎은 카페인을 포함해 각종 유용한 화학
물질이 든 약품 상자다. 스페인 사람들이 도착하기 몇 세기 전에 과라니족과
투피족 사람들은 이 잎을 넣은 차를 힘과 각성 상태를 유지시키는 강한 음료로
여겨 각종 의식에 사용했다. 오늘날에는 브라질 남부, 파라과이, 우루과이,
아르헨티나 북부 전역에서 비알코올성 음료로 인기가 있다.

마테나무 잎을 불꽃 위에서 잠깐 가열하고 나무 연기를 쐬며 천천히 말린
다음 1년 정도 숙성시키고 나서 가루로 빻는다. 녹차, 커피, 콜라 등 카페인이
풍부한 음료처럼 마테차도 사회적 윤활제로 사용되고, 나름의 전문 용품과
다도가 있다. 마테차 자체는 적당히 자극적이고 고유의 탄내가 나며 정신이
번쩍 드는 쓴맛이 난다. 화려하게 장식한 작은 박에 마테를 넣고 뜨거운
물을 붓고 우려낸 다음에 지인과 함께 나눠 마시든, 거리에서 혼자 음미하든
봄빌라라는 한쪽 끝에 거름망이 있는 금속 빨대로 빨아 먹는다. 마테 잎은 여러
번 우릴 수 있어서 매점이나 주유소 등에서는 뜨거운 물을 무료로 채워 준다.

최신 연구에 의하면, 마테에 들어 있는 각종 화학 물질이 운동 중에 지방
연소율을 높이고, 이것이 실제로 근육을 강화하고 운동 능력을 향상시킨다는
결과를 보였다. 토착 지식의 흡족한 검증이다.

페루

줄맨드라미 ^{Amaranth}

Amaranthus caudatus

가슴 높이에서 흐느적거리는 줄맨드라미는 아르헨티나, 페루, 볼리비아
고지대의 작은 마을에서 씨와 잎을 수확하기 위해 길러진다. 멕시코,
중앙아메리카, 안데스산맥에서 5천여 년 전에 개량된 소수의 비름속 식물 중
하나다. 가뭄과 질병에 강한 이 식물은 잉카와 아즈텍 제국의 주식으로, 수준
높은 관개 시설과 계단식 밭을 이용해 경작되었다.

넓고 잎맥이 깊이 팬 줄맨드라미의 이파리는 먹어도 좋다. 익히면 아티초크
비슷한 맛이 나고, 잎채소치고는 놀랄 정도로 단백질 함량이 높고 비타민, 철분,
섬유질도 풍부하다.

줄맨드라미의 화서는 뭐랄까, 보기 좋게 지저분하다. 우둘투둘하게 다발로
매달린 술에는 고동색과 핏빛의 작은 꽃이 만발한다. 이어서 풍성하게 열린
열매에는 크림색, 황금색, 분홍색 씨앗이 맺히는데, 핀 머리보다 크지 않은 작은
비행접시가 한 그루당 5만 개는 족히 열린다. 씨는 영양이 아주 풍부해 밀보다
단백질이 3분의 1 정도 더 많을 뿐 아니라 밀에는 없는 필수 아미노산, 리신이
풍부하며, 기름기는 더 많고 전분은 더 적다. 페루에서는 줄맨드라미 씨를 달군
점토 냄비에 넣고 저어 팝콘처럼 튀기거나, 굽고 끓여서 기운을 돋우는 고소한
죽을 만들고, 가루로 빻아 사용하기도 한다.

스페인이 정복하기 훨씬 이전에 아즈텍인들은 줄맨드라미 가루와 아가베
시럽(160쪽 참조)으로 초알리라는 반죽을 빚어 전쟁의 신 우이칠로포츠틀리,
지혜와 예술의 신 케찰코아틀, 비의 신 틀락록의 형상을 만들었다. 콩과
씨앗들로 눈과 이빨을 표시한 이 우상을 질병 퇴치와 집단 정화를 위해 종교
연회에서 다 함께 나눠 먹었고, 신의 몸을 섭취함으로써 힘과 정수를 온몸에
채운다고 믿었다. 스페인 침입자들에게 이 의례는 가톨릭의 영성체 의식과
불편한 유사점이 있었다. 따라서 이 행위가 토착민들이 기독교를 받아들인
증거라고 믿고, 또 믿고 싶어 한 소수의 스페인 사제나 선교사들도 있었지만,
대부분은 악마의 행위로 보아 줄맨드라미 경작과 함께 금지했고, 5백 년이
지나서야 부활하게 되었다.

오늘날 신식^{神食}(신의 몸을 먹는 행위)의 정신은 페루의 투론, 멕시코의
알레그리아(행복이라는 의미)에 살아 있다. 이 맛있는 거리 간식은 줄맨드라미
씨를 팝콘처럼 튀기고 시럽이나 당밀로 물들여 만든다. 멕시코에서는 죽은

자들의 날을 비롯해 기독교와 토착 전통이 융합된 축제에서 해골이나 사람의 형상으로 알레그리아를 빚는다(메리골드, 99쪽 참조).

　　세계적으로 수십 종의 비름속 식물이 있는데, 대다수가 식용이고 씨나 잎을 사용하기 위해, 그리고 특히 유럽에서는 장식용으로 재배된다. 학명의 아마란스Amaranth는 그리스어로 시들지 않는다는 뜻에서 왔는데 유난히 오래가는 꽃과 열매를 지칭하며, 아마란스색은 붉은 장미색을 말한다. 중세 유럽에서 줄맨드라미는 사랑을 뜻하는 라틴어를 떠올려 '사랑의 꽃'이 되었고, 19세기 빅토리아 시대의 영국에서는 아래로 축 늘어진 꽃이 상대가 알아주지 않는 애정의 상징이 되었다. 한편 프랑스에서는 '수녀의 채찍'으로 알려졌는데, 그 꽃이 마치 참회하는 자들이 견뎌야 할 채찍처럼 보이기 때문이다.

　　오늘날 멕시코와 페루에서는 줄맨드라미 재배가 공식적으로 장려되며, 주식은 아니지만 인도, 네팔, 중앙아프리카에서도 재배된다. 이는 고무적인 현상이다. 세계 식품 열량의 절반을 밀, 쌀, 옥수수(184쪽 참조)가 차지하는 것은 영양 측면에서도, 생물 다양성 측면에서도 결코 바람직하지 않다. 또한 대규모로 단일 경작되는 식물들 사이에서는 해충과 질병이 쉽게 확산한다. 줄맨드라미는 우리가 식단에 다시 추가해야 할 잃어버린 바로 그 작물이다.

페루

감자 Potato

Solanum tuberosum

무릎 높이까지 자라는 수수한 감자는 수술이 만든 대담한 노란색 원뿔 주위로 작고 귀여운 분홍색 또는 흰색의 별 모양 꽃을 피운다. 탄수화물을 저장하는 부푼 덩이줄기는 모두가 익숙하지만, 감자의 열매에 대해서는 누가 신경이나 쓰겠는가? 감자 열매는 겉과 속이 모두 초록색 토마토를 닮았다. 그러나 잎과 마찬가지로 글리코알칼로이드가 들어 있다. 이것은 심한 배탈, 두통, 착란, 환각과 같은 신경학적 증상을 일으키는 독성 화학 물질이다. 덩이줄기에도 이 방어 물질이 들어 있지만 해를 끼칠 정도는 아니다. 그러나 햇빛에 노출되면 표면의 독성이 백 배까지 급격히 올라간다. 그와 동시에 발달하는 초록색은 무해한 엽록소에 불과하지만, 적어도 그 감자는 버려야 한다고 알려 준다.

현재 유통되는 감자의 대부분이 솔라눔 투베로숨*Solanum tuberosum*이라는 단일 품종이지만, 9천 년 전에 처음으로 감자가 경작된 페루와 북서부 볼리비아에는 9종의 식용 감자와 셀 수 없이 많은 품종이 있다. 안데스산맥의 산골 마을에서 감자 경작은 옥수수 맥주와 코카 잎, 노래로 유지되는 공동의 활동이다. 이들의 생계와 삶은 감자에 달렸으므로, 처음 수확한 작물을 스페인 가톨릭과 토착 전통이 융합된 종교 의식과 함께 신에게 바친다. 마을 사람들은 둥글고 긴, 크고 작은, 연한 노란색 또는 진한 보라색의, 견과류 또는 과일 맛이 나는 갖가지 식감을 가진 이 덩이줄기를 기념한다. 많은 감자가 안데스산맥의 높은 곳에서 잘 자라며, 다른 작물보다 훨씬 높은 고도에서 재배된다. 잉카인들은 감자를 분쇄하고 동결 건조해 추뇨를 만들었는데, 수천 년 뒤 매시드 포테이토가 재발명되기 전에 오랫동안 사용된 저장법이다.

16세기에 스페인 사람들이 감자를 유럽으로 가져왔는데, 토마토가 그랬듯 감자가 유행하기까지 오랜 시간이 걸렸다. 독성이 흔한 가짓과 식물이라는 점과 '깨우침이 늦은' 농부들 때문이었다. 그러나 지배층은 재배 면적 대비 영양가가 높은 이점을 보아 감자가 좋은 채소라고 설득하기 시작했다. 18세기 프랑스인들은 감자밭 주위에 보란 듯이 무장한 보초병을 세웠고, 프로이센의 프리드리히 대왕은 공개적으로 감자 연회를 열어 의심하는 자들에게 왕이 먹는 채소임을 각인시켰다.

감자가 본격적으로 재배되면서 사회가 크게 변화했다. 식량 생산이 급증하면서 농민들은 밭을 떠나 공장으로 들어가 산업 혁명의 기반이 되었다. 1830년대에 유럽인들은 이 덩이줄기에 과하게 의존했고, 특히 아일랜드는 감자 덕분에 인구가 빠르게 증가했다. 그러나 남아메리카에서 건너온 소수의 식물에서 비롯된 유전적 획일성은 감자가 덩이줄기 그 자체인 '씨감자'로 번식하는 바람에 더 악화되었다. 무성 생식은 동일한 해충과 동일한 질병에 동일하게 취약한 동일한 자손을 만든다.

　　1845년에 유럽에서 시작된 감자 역병은 피톱토라 인페스탄스*Phytophthora infestans*라는 균이 주범이다. 이 균의 미세한 포자는 아일랜드의 축축하고 온화한 기후에서 쉽게 퍼졌다. 잎이 검게 변하고 덩이줄기에서는 악취와 함께 진물이 흘렀다. 백만여 명의 아일랜드인들이 기근과 질병으로 죽어 나갔고, 2백만 명이 고향을 떠났다. 여기에 역병에 걸리지 않은 다른 농작물을 영국으로 수출하라는 경제적, 사회적 압박에 의해 고통이 가중되었다. 기근의 절정기에 미국 오클라호마의 토착 부족인 촉토족은 굶주린 이들의 심정에 공감하며 아일랜드인들을 위한 기금을 모금했다. 최근에 아일랜드 코크주에서는 이 자애로운 행동을 기념하는 동상을 세웠다.

　　현대의 감자 작물 역시 역병에 취약하긴 마찬가지이며 화학 약품 살포로 겨우 다스리고 있다. 야생종에서 유전자를 빌려 온 새로운 품종들이 유용한 저항성을 보이고 있지만, 감자 이야기는 아메리카 대륙에 있는 수백 종의 야생 친척을 보존할 필요뿐 아니라 정치적 계몽과 연민에의 요청이기도 하다.

에콰도르

파나마풀 Panama Hat Palm

Carludovica palmata

첫째, 파나마모자는 파나마가 아닌 에콰도르에서 주로 제조되고 둘째,
파나마풀은 야자수가 아니다(*파나마풀의 영어명이 파나마모자야자다). 진짜
야자수와 달리 줄기가 없이 땅에서 곧장 잎이 뭉쳐나며, 주름진 병풍처럼
길게 자란다. 옥수숫대 크기의 꽃차례는 생김새가 기이하기 짝이 없다.
향기로운 스파게티 덩어리로 바구미들을 유혹한 다음, 안쪽에 숨어 있는
암꽃으로 유인한다. 수꽃이 피면 작은 딱정벌레들이 부산하게 다니며 꽃가루를
뒤집어쓰고 다른 식물의 암꽃으로 날아가 수정시킨다. 꽃가루받이가 끝난 꽃은
서서히 뒤집어지면서 끈적거리는 작은 열매가 자라는 진홍색 내부 조직을
드러낸다. 열매는 새나 개미, 비에 의해 흩어진다. 그러나 이렇게 야단을
떨고서도 대부분의 씨앗은 살아남지 못한다.

　　원래 저지대 열대림에 자생하는 파나마풀은 모자의 재료로 에콰도르에서
널리 재배된다. 표백이 되어도 여전히 촉촉하고, 잘 휘어지는 아주 곱고 가는
잎줄기를 손으로 직접 엮어서 만든다. 고가의 파나마모자는 손가락 굵기
안에 40가닥을 엮어서 만드는데, 그 느낌이 고운 캔버스와 같다. 이 모자들은
구부리든, 펴든, 깔고 앉든 원래 모양을 유지한다.

　　캘리포니아 골드러시 시기에 대서양에서 태평양으로 넘어가는 길목이었던
파나마에는 이 모자를 찾는 손님들이 언제나 넘쳐났고, 이 모자를 공들여
제작한 곳보다 더 유명세를 타게 되었다. 에콰도르 브랜드로 팔린 마지막
모자는 파나마 운하 건설 당시 미국 루스벨트 대통령이 직접 거대한 굴착기를
운전하는 사진에서 쓰고 있던 모자다. 그 사진은 전 세계로 유포되어 대통령의
모자로 유명해졌고, 그때부터 '파나마'모자가 되었다.

가이아나

아마존빅토리아수련 Giant Waterlily

Victoria amazonica

가이아나의 국화인 아마존빅토리아수련(큰가시연꽃)은 아마존 유역의 호수와
유속이 느린 물에서 산다. 오후 늦게 개화하는 자애로운 흰색 꽃은 햇볕에
달궈져 파인애플 버터스카치 향기가 난다. 꽃은 평범한 생물학적 전략에
따라 녹말과 당분이 풍부한 뷔페를 차려놓고 향기롭게 풍뎅이를 유혹한다.
손님이 정신없이 식사하는 동안 꽃잎이 닫히는 바람에 풍뎅이들은 밤새 갇혀
있다가 다음 날 아침에야 꽃가루 범벅이 된 채 풀려난다. 그때쯤이면 꽃은
밝은 분홍색으로 상기되어 향을 잃고, 풍뎅이들은 하얀 꽃을 찾아 또다시 길을
떠난다. 수분된 꽃은 서서히 시들어 물속으로 가라앉아 씨를 맺는다.

지름이 3미터나 되는 잎은 수생 식물 중에서 가장 크고, 바닥이 평평한
프라이팬과 같은 모양이다. 아마존빅토리아수련의 잎은 자신의 생태학적
지위에 대단히 잘 적응했다. 거대한 원형의 완두콩 색 표면은 마음껏
광합성하도록 지어졌다. 잎을 물에 띄우는 미세한 공기주머니가 박혀 있고,
가장자리는 빗물이 잘 빠져나가도록 설계되었다. 밑면에는 중심에서부터
방사성으로 펼쳐지는 도드라진 갈빗대가 버팀목처럼 배열되었는데, 가시로
단단히 무장해 잎을 먹고 사는 물고기나 배고픈 매너티의 발길을 돌린다. 호수
바닥의 진흙과 실트층에는 영양분이 충분하지만, 뿌리에도 산소가 필요하다.
이 식물은 압력을 이용한 특별한 환기 시스템이 진화했다. 온도차를 이용한
방식으로 잎대를 통해 뿌리까지 공기를 펌프질하는데, 수면 아래로 6미터
정도는 너끈히 운반한다.

19세기에 유럽에서 사람들이 앞다투어 빅토리아수련을 재배하고
전시하면서 석탄으로 난방하는 유리 온실이 발달했다. 독특한 잎 구조에 착안한
디자인으로 수련 자체가 온실의 일부가 되었다. 빅토리아수련은 1851년 런던
대박람회를 위해 지어진 수정궁에도 영감을 주었다. 수정궁은 주물로 골격을
세우고 유리창을 달았는데 규모가 세인트 폴 대성당의 3배에 이른다. 영국
식물원에서 마침내 개화에 성공하자 빅토리아수련의 꽃을 보기 위해 수많은
인파가 몰려들었다. 군악대의 연주와 함께 잎 위에 어린아이를 올려놓는 행사는
진부하긴 하지만 여전히 인상적인 볼거리다.

브라질

사탕수수 ^{Sugar Cane}

Saccharum officinarum

멋도 없이 'C4'라고 불리는 비교적 희귀한 형태의 광합성은 전체 식물의 약
3퍼센트에서 일어나며 대부분 열대성 초본들이 더운 기후에서 햇빛을 이용하는
대단히 효과적인 방식이다. 이 C4 식물의 하나가 사탕수수다. 마디가 있는
줄기는 손목 굵기이고 높이는 5미터 정도이며 흰색 털의 보릿단 같은 작은
꽃들이 술처럼 달린다.

사탕수수는 햇빛을 화학 에너지로 전환한 다음, 우리가 보통 설탕으로 알고
있는 자당 형태로 식물 내부에 저장하고 운반한다. 매년 세계는 2억 톤이라는
상상을 초월할 정도로 많은 사탕수수를 재배하는데 다른 어떤 작물과도 비할
바가 못 된다. 그중 약 40퍼센트가 브라질에서 재배된다. 생산한 자당의 일부는
발효하여 연료용 알코올, 즉 바이오 에탄올을 만들지만 대부분은 정제해
인간이 소비한다. 수숫대를 롤러 사이에 넣고 압착해 즙을 낸 다음 증발시키면
우리에게 익숙한 달콤하고 하얀 결정이 생기는데, 현미경 아래에서는
부자연스러운 정육면체처럼 보인다. 진한 잔재물은 맛이 강한 당밀로, 발효해서
럼주를 만들거나 정제한 흰 설탕에 다시 첨가해 부드럽고 한없이 맛있는
흑설탕을 만든다.

사탕수수의 선조는 현재의 파푸아 뉴기니에서 진화했고 질감, 수확량,
당도를 개선하기 위해 지속적으로 개량되면서 이제는 재배종으로만 존재한다.
로마 시대에도 아랍 무역상들이 인도에서 지중해까지 육지로 설탕을
수송했지만, 18세기 전에는 워낙 귀하고 비싼 재료였다. 카리브해의 유럽
식민지에 세워진 대규모 플랜테이션이 노예 노동력을 동원해 사탕수수를
재배, 정제하는 힘든 작업을 대신하면서 설탕 가격은 급격히 내려갔다. 19세기
중반에는 영국의 노동자 계급도 설탕을 먹을 수 있었다.

수렵인이었던 인류의 조상은 단맛을 찾도록 진화했다. 에너지가
풍부하다는 신호이기 때문이다. 그러나 정제한 설탕은 필요 이상의 열량을
공급한다. 그리고 특정 음식이나 음료를 더 많이 찾게 만들려는 값싼 술수로
너무 많이 첨가된다. 설탕의 만성적인 과잉 섭취는 비만과 당뇨에 깊이
연관된다. 그것은 사탕수숫대를 씹는 즐거움이나, 열대 도시의 거리에서 갓
짜낸 즙이 주는 순수한 청량감과는 거리가 먼 사회적 부담이다.

멕시코
테킬라용설란^{Blue Agave}

Agave tequilana

미국 남부와 중앙아메리카의 건조한 지역에 사는 5백 가지 용설란종 중 하나인
테킬라용설란은 멕시코 할리스코주의 테킬라 마을을 둘러싼 햇빛이 잘 드는
언덕에서 자란다. 땅바닥 가까이 짧은 줄기에서 펼쳐진 다육질의 잎들은 높이가
사람 머리까지 올라오고, 수분 증발을 막는 와스질 표면이 독특한 청록색
광택을 낸다. 용설란은 특별히 자기방어가 철저한 식물이다. 잎은 먹을 수 없는
섬유로 가득 찼고, 가장자리에는 지독한 미늘과 한때 바느질에 사용될 정도로
뾰족한 가시를 달고 있다. 인상적인 식물 모방의 예로 어떤 종들은 잎의 평평한
부분에도 가시가 돋친 것 같은 착시를 불러일으키는데 그것이 초식 동물의
접근을 한 단계 더 차단한다.

용설란은 꽃이 피기까지 수십 년이 걸리는 것으로 유명하고, 백 년이
걸리는 것도 있어 백 년 식물이라고도 부른다. 그러나 일단 개화하면 실로
장관을 이룬다. 테킬라용설란의 꽃대는 6미터까지 치솟고, 황록색의 꽃다발은
멕시코긴혀박쥐에게 넉넉히 바치는 꽃꿀의 표시등이다. 이 식물은 평생 딱
한 번 꽃을 피우고, 특징 없는 탁한 녹색의 라임 크기 열매를 맺은 후 죽는다.
그러나 재배 상태에서는 꽃을 피울 기회조차 얻지 못하고 그저 수액과
육질의 심을 수확하기 위해 길러진다. 현대 농부들은 무성 생식으로 용설란을
번식시키는 법을 개발했다. 이런 번식법은 쉽고 간단하지만, 유전적으로 동일한
개체가 형성되므로 질병에 걸리기 쉽다. 또한 용설란이 꽃을 피우지 못하면
박쥐들이 배를 곯는다. 최근에 의식 있는 재배농들 사이에서 작물의 일부는
꽃을 피우고 씨를 맺게 하자는 운동이 일고 있다. 그렇게 되면 소중한 다양성을
확보하고, 박쥐 개체군이 회복하는 데 도움이 될 것이다.

용설란 수액으로 풀케라는 고급술을 만든다. 용설란은 꽃을 피우기 직전에
줄기의 바닥 부분에서 달달한 수액을 대량 생산한다. 급성장하는 꽃봉오리를
잘라 낸 다음 구멍 속으로 쏟아져 들어가는 엄청난 양의 액체를 하루에 두 번씩
뽑아내는데, 전통적인 방식 그대로 길고 가는 호리병박으로 만든 아코코테를
대고 입으로 빨아들인다. 꿀물이라는 뜻에서 '아구아미엘'이라고 알려진 이
수액을 6개월 동안 한 식물이 무려 1.5톤이나 생산한다. 이러한 생산력은
아즈텍의 용설란 여신인 마야우엘의 4백 개 유방에서 꿀물이 떨어지는
모습으로 묘사된다. 각각 서로 다른 신성한

토끼에게 젖을 먹이는데, 모두 취기와 다산의 신들이다.

신선한 아구아미엘(투명하고 초록빛이 돈다)은 끓여서 시럽으로 만든다. 그렇지 않으면 천연 효모와 박테리아로 발효시켜 풀케를 주조한다. 크림 화이트색에 거품이 뜨고, 잘 모르는 사람은 당황할 정도로 점성이 있는 풀케는 버터밀크의 신맛이 나며 상쾌한 푸이 퓌세 와인의 정열이 느껴진다. 약한 맥주 수준의 도수를 가진 술로 원래 아즈텍 종교 의식에 사용되었고, 회복기 환자들이 영양 보충 식품으로 적당히 취하게 마시기도 했다. 스페인 정복 이후 공공장소에서 술에 취하는 것이 문화적으로 용인되면서 풀케는 일상적인 술로 인기가 높아졌다. 거리의 가판대와 이동식 노점 수레가 성행했고, 1900년 즈음에는 호화로운 풀케 주점인 풀케리아가 멕시코시티에만 천여 군데에 달했다. 경범죄, 주먹다짐, 매춘, 만취(남성과 알코올이 섞이면 일어나는 보편적인 행동으로, 여성들의 힘이나 법적인 영향력으로는 쉽게 통제할 수 없다) 등과 연루되어 멕시코 정부는 풀케리아를 사회 발전을 억제하는 타락의 근원으로 여기게 되었다. 엄격한 규제와 더불어 맥주가 인기를 얻으면서 풀케리아는 점차 쇠퇴했고, 1950년대에는 거의 자취를 감추었다. 그러나 풀케는 최근에 생기 넘치는 카페의 분위기와 함께 다시 사회적 음료로 부활하고 있다. 요란한 장식은 여전하지만 풀케리아는 이제 젊은 남녀 모두에게 어필하고 있으며 마니아들을 위한 화이트 풀케 '블랑코', 과일, 오트밀, 용설란 시럽으로 달콤하게 만든 풀케인 '쿠라도'를 선보인다. 안타깝게도 풀케는 보존이 쉽지 않아 장거리 운송이 어렵다. 멕시코 밖에서 용설란은 좀 더 안정적이고 도수가 높은 메스칼로 더 잘 알려졌다.

메스칼과 메스칼의 고급 상품인 테킬라는 용설란의 수액이 아니라 다육질의 달콤한 심으로 만들어졌다. 수령이 8~12년쯤 되면 잎을 잘라 내고 대형 파인애플처럼 보이는 심을 남긴다. 이 무거운 심을 압력솥으로 익힌 다음 으깨서 발효하고 증류한다.

테킬라는 특별한 종류의 메스칼로, 할리스콜에서만, 그것도 테킬라용설란으로만 만든다. 어떤 테킬라 병에는 박쥐 친화적 생산품이라는 문구가 붙었지만, 규정상 이런 고급 증류주에는 외국인을 겨냥한 술수의 하나로 저렴한 메스칼에 넣는 나방 애벌레가 들어가면 안 된다. 테킬라를 한 번에 들이켜는 술버릇은 아무리 거친 영혼이라도 용납할 수 없다. 정성 들여 빚고 숙성한 테킬라는 조금씩 음미하면서 마셔야 한다. 테킬라용설란이 제 한 몸 바쳐 만든 술이니까.

멕시코마 ^{Mexican Yam*}

Dioscorea mexicana

마(얌)는 열대 지방에서 자라는 기는 덩굴이고 부풀어 오른 지하 줄기로 잘
알려졌다. 많은 종이 독성이 있거나 먹을 수 없는 것들이지만, 전 세계 수백
종의 마 중에서 일부는 개량, 재배되어 수천 년 동안 밥상 위에 올라왔다.
마의 덩이줄기는 큰 감자 또는 어린아이 몸무게만큼 나가며, 중앙아프리카와
남아프리카 전역에서 중요한 주식으로 지역 문화에 깊이 뿌리내렸다.
나이지리아 이그보족과 이주자들 사이에서 매년 행해지는 이와지(마 먹기)
의식은 한 해의 수확을 축하하는 관습이다. 많은 지역 문화에서 해로운 종류의
마를 먹지 못하게 하는 미신이나 금기가 발달했다.

멕시코의 습한 남동부 숲에서 서식하는 멕시코마는 중심부가 대담한
고동색을 띠는 은은한 초록색 또는 연한 분홍 꽃줄기를 과시한다. 활기
넘치는 수꽃과 차분한 암꽃은 서로 별개의 식물에서 자란다. 암꽃은 진하고
3개로 갈라진 씨앗 꼬투리가 된 다음, 납작하게 접힌 내용물을 퍼뜨린다.
덩이줄기는 먹을 수 있는데, 코르크질의 바깥층은 거북의 등딱지처럼
생겨 다각형 고랑이 파였고 괴근(일부는 땅속에 묻혀 있고, 버스 타이어 크기까지
자라는 돔형 구조물이다)이라고 부른다. 멕시코마는 수집가들의 자부심이자
식물원에서는 이국적인 호기심의 대상이지만, 진정한 명성은 괴근에 들어
있는 디오스게닌에서 온다. 식물이 생산한 이 천연 방어 물질이 인간에게는 큰
영향을 주는 스테로이드 합성에 필수적인 성분이기 때문이다. 스테로이드는
천식, 류머티즘성 관절염, 다양한 자가 면역 질환의 치료제와 프로게스테론과
테스토스테론과 같은 성호르몬에 들어 있다.

1940년대에 들어서 스테로이드 사용이 늘어났지만, 동물이나 특히
사람에게서 추출한 약물은 말도 안 되게 비쌌다. 과거에는 관절염 환자 한 명을
하루 치료하기 위해 황소 40마리에서 코르티손을 추출했다. 여성의 부인과
질환을 해결하기 위해 사용된 성호르몬은 임신한 여성이나 암말에서 별로
내키지 않는 방식으로 추출되었으며, 암말의 오줌을 정확히 받아 내야 하는
문제가 있었다. 그러다 보니 제약계는 새로운 스테로이드 원료가 절실했다.

디오스게닌은 1940년대 초에 멕시코마에서 처음 분리되었고, 이어서
멕시코마와 근연 관계에 있고 생산량이 높은 디오스코레아 콤포시타*Dioscorea
composita*에서도 추출되었다. 1940년대 중반에 화학자들은 이 야생 마를

이용해 스테로이드를 합성했다. 프로게스테론에서 시작해 테스토스테론, 그리고 1951년에 멕시코시티에서는 삶의 질이 달라지는 소염성 스테로이드계 약물인 코르티손을 제조했다. 그해 미국 비즈니스 잡지『포춘』은 '정글의 뿌리에서 시작된 화학 산업'이 아마도 '국경의 남쪽에서 일어난 가장 큰 기술 호황이 될 것이다'라고 말했다.

진정한 호황은 마에서 유래한 프로게스테론과 그 밖의 호르몬으로 여성의 몸이 임신했다고 믿게 해 배란을 억제하면서 시작되었다. 피임약이 탄생한 것이다. 피임약의 발명은 즉시 혁명이 되었다. 혼외정사에 대한 태도를 바꾸고, 사회는 성에 대해 보다 관대해졌으며, 여성들은 학업을 계속하고 경력을 쌓았다. 1960년대 초에 피임약이 출시된 이후로 전 세계 제약 회사들의 호르몬 수요가 급증했다. 멕시코는 호르몬 화학에 대한 경험은 물론이고 야생 마 공급원으로서 독점적 우위를 차지했다. 수만 명의 농부들이 마를 찾아 숲을 뒤져 수입에 보탰다. 많은 마 종이 비슷한 잎을 가졌기 때문에 이는 까다로운 작업이었다. 국내 정치 문제와 외국과의 경쟁이 맞물려 1960년대 말에 멕시코는 주도권을 잃었지만, 여전히 마는 스테로이드계 약물과 피임약의 원재료이며 이제는 대량으로 재배된다.

어떤 마는 먹거리가 되어 생명을 부양하고, 또 어떤 마는 생명의 생성을 막는 약물의 기초가 된다. 어느 쪽이든 화려한 하트 잎을 가진 식물이 수많은 사람들의 안녕과 성생활에 지대한 영향을 미쳐 왔다는 점에는 변함이 없다.

*마를 고구마Ipomoea batatas와 헷갈리면 안 된다.

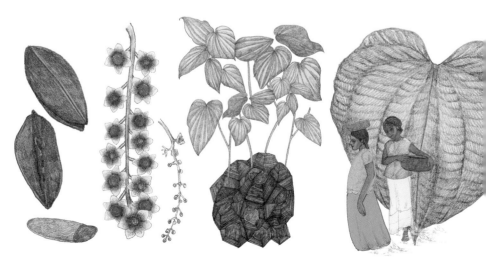

멕시코

보검선인장 _{Prickly Pear}

Opuntia ficus-indica

멕시코에서 보검선인장은 사랑받는 토종 식물이지만 그 외의 지역에서는 아주
골칫덩어리다. 키가 3미터까지 자라고 울퉁불퉁하며 쉽게 통과할 수 없는
잡목림을 형성한다. 보검선인장은 건조한 환경에 잘 적응했다. 정찬용 접시
크기의 타원형 패드는 잎이 아니라 판판해진 줄기로, 그 안에 물을 저장한다.
진짜 잎은 초식 동물과 맞서기 위해 악랄한 가시가 되었다. 표면이 왁스층으로
코팅되어 수분 증발을 최소화하고 은은한 회녹색 분위기를 풍긴다. 어린줄기의
날카로운 가시를 다 쳐낸 다음 잘라서 쫄깃하고 시큼한 샐러드인 노팔리토를
만들어 먹는다. 선인장을 먹으려면 어쩐지 대담해져야 할 것 같다.

아즈텍인들에게 보검선인장은 '태양의 여신'이고, 선인장꽃은 실제로
노란색과 주황색이 의기양양하게 폭발한 모습이다. 열매는 살구색에서
보라색까지 따뜻한 색조로 숙성하고, 글로치드라는 갈고리 달린 미세모로
보호되는데, 사람의 피부에 쉽게 박혀 미친 듯이 가렵게 만든다. 그러나 과육은
연한 황색기가 도는 와인의 붉은색으로 즙이 많고 상큼하다. 맛은 멜론을
떠올리면 되는데, 달콤하지만 상대적으로 새콤한 맛은 부족하다.

열매와 패드를 먹기도 한다지만 그 외에 별다른 건 없다. 그러나
보검선인장은 멕시코 국기에 그려질 만한 문화적 중요성을 지닌다. 그 이유는
보검선인장에만 살면서 수액을 빨아 먹는 작은 연지벌레*Dactylopius coccus*에
있다. 이 생물이 마시는 수액은 무색이지만 개미, 새, 쥐에 대한 방어 물질로
카민산이라는 충격적으로 붉은 물질을 만들어 작은 몸속에 저장한다.

적어도 2천 년 전에 중앙아메리카 사람들은 이 코치닐 색소를 이용해
옷감에 물을 들였다. 아즈텍인들은 염료를 대량 생산하기 위해 선인장과
연지벌레를 공들여 키웠고, 연지벌레 암컷을 선인장 여기저기에 적당히 잘
분배해 키우다가 솔로 털어 내듯 수확한 다음 (벌레의 몸이 마르지 않게 분비하는
왁스질의 흰색 가루 덕분에 찾아내기가 쉽다) 말려서 가루로 만들었다. 코치닐 가루
1킬로그램에 연지벌레 13만 마리가 들어간다.

1500년대에 멕시코에 도착한 스페인 침략자들은 아즈텍인들이 만든 물이
안 빠지는 눈부신 옷감을 보고 놀라움을 금치 못했다. 당시 유럽의 붉은 염료는
칙칙하고 너무 비쌀 뿐 아니라 사용하기도 까다로웠다. 그렇다면 코치닐이
금과 은 다음으로 제일가는 무역 상품이 된 것은 당연한 수순이다. 코치닐

주홍색은 왕족과 사치품의 세계로 유입되었고, 르네상스 시대 전문가들에게 선홍색 터번과 망토는 성공의 상징이었다. 올리버 크롬웰은 영국 군대의 군복을 코치닐로 염색했고, 19세기 초에는 미국 국가에 영감을 준 '별이 빛나는 깃발(성조기)'의 줄무늬를 염색하는 데 사용되었다. 1860년에 가스파레 캄파리는 코치닐을 사용해 새롭게 발명한 음료(캄파리)에 독특한 색감을 더했다.

스페인은 코치닐 독점권을 끈질기게 지키면서 2백 년 동안이나 코치닐의 원천을 숨겨왔다. 마침내 비밀이 밝혀졌을 때 유럽 강대국들은 식민지 땅에서 직접 코치닐을 생산하고자 했다. 선인장과 연지벌레를 밀수해 전 세계에 갖다 심었지만, 결국 생태학적으로 처참한 결과를 초래했다. 1788년에 오스트레일리아 뉴사우스웨일스 주지사는 보검선인장과 연지벌레를 도입했다. 그곳은 선인장을 키우기에 완벽한 광활하고 건조한 땅이었다. 그런데 뭐가 문제였을까?

멕시코 기후 조건에 맞춰 세심하게 사육된 까다로운 곤충은 새로운 터전에서 맥을 추지 못했다. 그 바람에 천적이 없어진 선인장만 미친 듯이 세력을 넓혔다. 1925년에 보검선인장은 26만 제곱킬로미터의 귀중한 목초지를 장악했다. 베고 태우는 것으로도 모자라 수천 톤의 비소 화합물을 뿌렸지만 선인장의 진격을 막을 수는 없었다. 마침내 연지벌레의 가까운 친척이 선인장을 먹어 치우라는 명령을 받고 투입되었다. 이 '생물 조절'의 가능성이 확인되자 1920년대 말에 전국적인 캠페인을 통해 선인장명나방*Cactoblastis cactorum* 알 30억 개가 배포되었다. 선인장명나방은 팔팔한 멕시코 나방으로, 아름다운 주황-검정 줄무늬 애벌레가 보검선인장을 먹고 크도록 진화했다. 퀸즐랜드의 부나르가라는 작은 마을에 세워진 선인장명나방 기념관은 감사와 안도를 표하고, 동시에 외래종 도입의 위험성을 상기시킨다. 안타깝게도 보검선인장은 많은 나라에서 파괴적인 침입종이 되었고, 선인장명나방 자체도 오스트레일리아에서 지나치게 퍼져 이제는 세계의 다른 선인장 종들을 위협하고 있다.

1900년 무렵에 합성염료가 직물 염색 분야에서 코치닐을 대체했지만, 인공 첨가물에 대한 건강상 우려로 식품이나 화장품에는 코치닐을 계속 쓰도록 장려했다. 흔히 카민이라고도 부르는 코치닐 염료는 사탕류나 청량음료에 널리 쓰이고, 특히 태양의 여신을 떠올리는 강렬하고 도발적인 붉은색 립스틱을 만드는 데 사용된다.

보검선인장 ✻ 선인장과

코스타리카

파인애플 Pineapple

Ananas comosus

파인애플은 수천 년 동안 중앙아메리카와 카리브해 전역에 걸쳐서 개량되고 재배되어 왔지만, 브라질 중부의 비교적 건조한 저지대에서 유래한 것으로 보인다. 과즙이 풍부한 열매를 맺는 식물치고 가뭄에도 신기하게 잘 견딘다. 특별한 방식의 광합성을 선인장(변경주선인장, 182쪽 참조)과 공유하는 이유가 여기에 있다. 최고의 향과 높은 수확량을 얻으려면 열대의 일조량과 일관된 낮 길이가 필요하다. 코스타리카는 최대 파인애플 생산국이다.

식물로서 파인애플은 질기고 뾰족한 잎을 달고 허리 높이까지 자란다. 생기 넘치는 꽃 수백 송이가 다발로 달려 넋을 빼놓는다. 꽃마다 세 개의 긴 보라색, 주홍색의 꽃잎이 말고 겹쳐져 원통형이 된다. 야생에서는 벌새가 꽃가루를 옮기지만, 수분이 되면 단단한 씨앗을 만들기 때문에 플랜테이션에서는 무성 생식으로 작물을 복제하여 심는다. 꽃이 지면 열매는 합쳐져서 집합과가 되는데 그것이 우리가 먹는 파인애플이다.

파인애플은 크리스토퍼 콜럼버스가 1496년 카리브해에서 돌아오는 길에 기적적으로 살아남은 하나를 들고 오면서 선풍적인 인기를 얻었다. 왕족이 보증하고 이국적이며 하늘의 별 따기만큼 구하기 어렵고 성경의 잔소리도 들을 일 없는 이 과일은 귀족, 부, 흠잡을 데 없는 맛을 상징하게 되었다.

아마도 계급과의 연관성 때문에 영국인들은 유별나게 파인애플에 집착했다. 18세기 중반에 정원사와 석탄, 온실에 쏟아부을 재력을 가진 귀족들의 노력으로 마침내 파인애플이 열매를 맺게 되었다. 한 번에 먹어 버리기엔 너무 값비싼 과일이라 만찬 식탁에 장식으로 전시되었고, 심지어 대여 상품이 되어 손님들에게 좋은 인상을 주고 싶은 파티 호스트들이 고급 장식품으로 빌려다 썼다. 급기야 '파인애플'이라는 말 자체가 우수하다는 뜻을 지니게 되었다. 1770년대에 일기 작가 제임스 보스웰은 스코틀랜드의 헤브리디스 제도를 여행하면서 여행 중에 편지를 받는 사치를 '최고의 맛을 가진 파인애플'로 묘사했고, 극작가 리처드 브린슬리 셰리든은 등장인물 중 한 명을 '파인애플다운 고상함'을 지녔다고 표현했다. 이 과일은 고급 웨지우드 도자기와 건축 장식에 영감을 주었고, 허영심이 부와 결합한 경우에는 건물 전체의 모티프가 되기도 했다.

19세기 초반에 들어서 '파인애플 구덩이'가 있는 특별한 온실이

보편화되었다. 파인애플의 달콤하면서도 톡 쏘는 맛이 잘 알려진 후에도 열풍은
계속되었다. 식민지에서 수입되어 가치가 하락하기 60년 전에 영국 수필가
찰스 램은 흥분해서 이렇게 썼다. "파인애플은 필부가 맛보기에는… 그저
황홀하고 아름답다. 자신에게 다가오는 입술에 고통과 상처를 주고, 연인들의
키스처럼 입술을 깨문다. 그녀는 사나움에서 오는 고통과 즐거움의 광기 사이를
오가는 쾌락이다." 램의 생각은 파인애플에 대한 개인적 의견은 물론이고
그라는 사람에 대해서도 많은 것을 말해 주는 것 같다.

바베이도스

공작실거리나무 Peacock Flower

Caesalpinia pulcherrima

기르기 쉬운 장식용 관목인 공작실거리나무는 아마도 중앙아메리카나
카리브해에서 진화했을 테지만 열대 지방 전역에 전파되어 자생 범위를
추적하기는 힘들다. 이 식물의 영어명은 분명히 공작새를 한 번도 본 적이
없는 사람이 지었을 것이다. 꽃의 화려함이야 공작과 다름없지만, 이 꽃에서
폭발하는 색은 오로지 노란색, 주황색, 빨간색이기 때문이다.

공작실거리나무는 호랑나비와 함께 진화했다. 이 나비들은
공작실거리나무꽃의 따뜻한 색깔에 민감해서 여기저기 한눈팔지 않고 곧장
직진한다. 나비의 날개에 쌓이는 꽃가루는 끈적한 비스신과 결합해 덩어리로
뭉쳐진 다음, 나비가 다음 정류장에서 퍼덕거릴 때 무사히 하차한다.

충실하게 꽃가루를 전달한 대가로 공작실거리나무는 나비에게 특별한
당분과 아미노산을 제공한다. 꽃은 또한 나비의 경쟁자인 배고픈 벌새가 꽃꿀을
먹지 못하도록 몇 가지 전략을 사용한다. 공작실거리나무는 나비가 돌아다니는
시간에 꽃꿀을 가장 많이 만들고, 벌새가 활동할 때는 말라 버린다. 또한 유난히
작은 다섯 번째 꽃잎은 빨간 배경의 노란 표적이 되는데, 나비에게는 확실한
유혹이지만 새들에게는 관심 밖이다. 그리고 꽃잎의 기부에 자리 잡은 빨간
꽃꿀 통로는 배고픈 벌새의 혀가 들어가기엔 너무 좁다.

공작실거리나무에는 활기 못지않게 슬픔도 깃들었다. 일부 토착족들은
이 나무의 독이 든 씨앗을 가족계획의 도구로 사용했다. 노예의 시대에 포로가
된 여인들은 농장의 일꾼을 낳도록 강요받았지만 아기가 태어나 잔인하고
굴욕적인 삶을 사는 것을 원치 않아 공작실거리나무의 씨를 먹고 아기를
지웠다.

2018년 영국 해리 왕자의 결혼식에서 신부 메건 마클의 화려한 베일에는
각각 영국 연방 국가들을 상징하는 꽃을 수놓았다. 바베이도스를 나타내는
공작실거리나무는 가슴 아픈 노예 무역을 떠올렸고, 이 신부의 조상에 대한
안타까운 반향을 불러일으켰다.

미국

삼 ^{Cannabis}

Cannabis sativa

삼(대마)은 영어권에서 통상 잡초^{weed}라고 불린다. 가장자리에 톱니가 달린
벌어진 잎(반체제 문화의 상징)으로 쉽게 알아볼 수 있고, 자유분방하고 꾸밈이
없으며 사람의 키 높이 이상으로 무성하게 자란다. 연한 녹색의 꽃은 별 특징이
없지만 털의 분비샘에서 흘러나오는 작은 나뭇진 방울 때문에 암그루의
꽃눈은 이슬이 맺힌 것처럼 유난히 반짝거린다. 그 액체에는 향기로운 물질이
들었고 곤충을 퇴치하고 감염을 막는 보호 물질이 있지만, 일부 분자는
고통, 감정, 기억, 잠, 식욕을 조절하는 데 중요한 수용기를 차단한다. 삼에는
향정신성 물질인 테트라히드로칸나비놀(THC)과 향정신성 물질은 아니지만
만성 통증, 암의 화학 요법에 의한 메스꺼움, 간질 증상을 치유하는 데 유망한
칸나비디올(CBD)이 들어 있다.

중앙아시아에서 기원하여 전 세계로 퍼진 삼은 현지의 수요를 충족시키기
위해서 재배되었다. 유럽과 북아메리카에서는 1960년대 이후 기분 전환용
약물로서 주목받았다. 삼의 품종들은 아주 효율적으로 개량, 조작되어 히피들의
전성기보다 THC의 함량이 10배나 높아졌고, 만성적으로 사용되면서 점차 정신
질환과 연관되었다. 그러나 역사적으로 삼은 마 또는 삼베라고 알려진 섬유질을
사용하기 위해 길러졌다. 기원전 2800년에 삼은 중국에서 옷감의 원료로
재배되었고, 로마인들에게는 일상적인 상품이었으며, 중세에는 삼베를 땋아
만든 줄로 전쟁의 일꾼인 장궁을 만들었다. 아마(38쪽 참조)보다 튼튼하면서도
물과 염분에의 저항성도 커서 삼베로 만든 밧줄로 고정된 캔버스(영어명
'카나비스'의 변형)의 돛이 제국의 함대에 힘을 실어 주었다. 삼은 전략적 중요성이
큰 작물이라 16세기에 영국의 군주 헨리 8세와 엘리자베스 1세는 지주들에게
삼 재배를 명했고, 이 정책은 1630년대에 미국 매사추세츠와 코네티컷의
식민지 주에도 적용되었다. 삼베로 종이도 만들었다. 성경과 수표, 심지어 미국
독립선언문 초안이 모두 삼베로 제작되었다.

그러나 중동과 서아시아에서는 삼의 중독성이 강조되었다. 기원전
500년경 흑해 근처에 정착한 유목 민족인 스키타이족은 잉걸불에 삼을 수북이
쌓고 가열해 일인용 양가죽 텐트 안에서 아늑하게 연기를 즐겼다. 비슷한
시기에 인도의 힌두교는 삼을 사용해 명상과 깨달음의 상태에 도달했다. 삼의
진액인 해시시를 태워 연기를 흡입하는 관습은 마침내 아랍 세계 전역으로

확산되었고, 18세기 말에 나폴레옹의 군대가 이집트에서 돌아올 때 유럽에 도입되었다.

    1840년대 후반에 빅토르 위고, 알렉상드르 뒤마, 오노레 드 발자크, 샤를 보들레르와 같은 유명 작가를 포함한 (보들레르는 압생트에도 열심이었다, 27쪽 참조) 보헤미안 파리지앵들은 해시시 클럽을 결성했다. 회원들은 피스타치오, 감귤류의 즙, 향신료, 꽃이 핀 삼의 진액이 풍부한 꼭지를 따서 만든 달콤한 반죽인 다와메스를 함께 나누었다. 1880년대에 해시시 영업소는 유럽과 미국의 많은 도시에 진출했고 뉴욕에서만 수백 군데였는데, 동양적 현실 도피와 가짜 은둔 콘셉트를 두고 서로 경쟁했다. 호화로운 곳은 이국적인 조각품, 짙은 페르시아 카펫, 사치스러운 다이브 베드로 가득 찼고, 촛불을 밝힌 이 고치 안에서 고객들은 수놓은 로브를 입고, 술 달린 흡연 모자를 쓰고, 부드러운 터키 슬리퍼를 신고 지냈다.

    비록 삼은 고대부터 류머티즘을 치료하고 진통제로 사용되었지만, 1930년대에는 미국 정부에서 법적으로 금지했고, 대개는 합성 섬유 산업과 목재 부호들의 로비에 호응해 불법이 되었다. 이는 그들의 주장처럼 건강을 우려한 이타적인 동기가 아니라(그 주장을 뒷받침할 마땅한 증거가 없다) 자신들의 사업에 삼베가 주는 위협이 자극이 된 것이다. 실제로도 섬유 생산에 사용되는 품종으로는 도취 효과를 일으키기가 어렵다. 거의 한 세대 후에 삼은 일부 사회에서는 다시 자리를 찾아가고 있고, 그을린 고무 특유의 새콤달콤한 분위기처럼 축축하고 싸한 연기는 흔해졌다. 아마 영업소도 곧 다시 복귀할 것이다.(*한국에서 대마초는 불법 마약류다.)

쿡소나무 Cook Pine

Araucaria columnaris

1770년대 제임스 쿡 선장의 탐험 기간에 발견된 쿡소나무는 남태평양의
누벨칼레도니섬에서 자생하지만 이후로 볕이 잘 들고 날씨가 온화한 장소에
널리 심어졌고, 특히 캘리포니아의 대학 캠퍼스에서 인기가 있다. 칠레, 그리고
교외의 정원에서 흔하게 볼 수 있는 칠레소나무*Araucaria araucana*와 가까운
관계지만 무장을 덜 했고, 또 덜 우아하다. 키가 크고 호리호리하며, 쫀쫀하게
땋은 머리카락 같은 잎줄기는 꼭 쓰다듬고 싶어진다. 수나무는 가지 끝에
꽃가루를 품고 있는 작은 여우 꼬리 같은 예쁜 솔방울을 내보인다. 암컷의
솔방울은 크기가 꽤 크고 비늘이 있다.

　　쿡소나무에는 한 가지 불가사의한 성질이 있다. 캘리포니아에 서식하는
나무 대부분이 남쪽을 향해 기울어졌는데, 그 기울기가 피사의 사탑의 2배나
된다. 하지만 하와이에서는 전혀 기울지 않았고, 오스트레일리아에서는 분명히
북쪽을 향해서 기울었다. 정리하면 전 세계의 쿡소나무 대부분이 적도를 향해
기울고, 적도에서 멀어질수록 기울기가 커졌다. 이런 식으로 행동하는 나무는
쿡소나무가 유일하다.

　　일반적으로 나무들은 기울거나 쓰러지지 않고 수직으로 자라도록 진화해
왔다. 나무가 클수록 수직으로 더 견고하게 자랄 거라고 예상할 수 있다. 그러나
수직을 감지하기가 그리 간단하지 않다. 나무는 일반적으로 빛을 따라가지만,
머리 위가 반드시 가장 밝다고 볼 수도 없을뿐더러 하루 중 시간, 계절, 주변
식물이 만드는 그늘에 따라서도 주변의 밝기가 달라진다. 따라서 식물은 중력의
방향을 감지하는 별개의 장치를 개발했다. '평형석'이라는 특별한 녹말 알갱이가
들어 있는 세포가 계속 움직이면서 항상 알갱이가 아래로 가라앉게 만든다. 이
세포가 식물에게 수직 방향을 알려 주는 것 같다. 그렇다면 쿡소나무에서는 이
감지기가 제대로 작동하지 않거나 자생하던 지역에서는 오히려 진화적 이점이
있었는지도 모른다. 누가 알겠는가.

쿡소나무 * 아라우카리아과

서양복주머니란

용그라이음 세스퀴페달레

온시디움

서양복주머니란 ^{California Lady's Slipper} 외 난초류

Cypripedium parviflorum 외

전 세계에 2만 8천 종 이상의 난초가 있다. 난초의 꽃은 복잡하고 대단히 진화된 형태로, 세련되고 화려한 모습과 행동으로 우리를 유혹한다. 또한 특이하게도 인간의 얼굴처럼 좌우 대칭이다. 대칭은 반점, 줄무늬, 점선처럼 일부 꽃가루 전달자가 선호하는 특징으로서, 비행 중인 곤충에게 신호를 준다.

난초는 곤충, 그리고 일부 새들과 아주 특수한 관계를 발전시켜 왔다. 이 종들은 다른 곳에서 한눈팔지 않고 오로지 동종의 꽃들 사이에서 꽃가루를 전달한다. 1862년에 찰스 다윈이 마다가스카르에서 밀랍처럼 하얗고 무시무시한 앙그라이쿰 세스퀴페달레*Angraecum sesquipedale*를 보았을 때, 30센티미터 길이의 좁은 관 맨 밑바닥에 꽃꿀이 있는 것을 보고 "맙소사, 어떤 곤충이 저걸 빨아먹겠는가"라고 썼다. 그가 죽고 나서야 거대한 박각시가 길고 돌돌 말린 빨대 주둥이로 꽃꿀을 마시면서 꽃가루 꾸러미를 운반하는 것이 관찰되었다. 이처럼 곤충과 밀접한 관계를 맺고 있기 때문에 곤충이 사라지면 난초들은 번식하지 못할 것이다.

많은 난초가 부정직하다. 전체 종의 약 3분의 1이 먹이나 교미의 기회를 주겠다는 약속을 하고 꽃가루 전달자들(대부분 곤충의 수컷)을 유혹하지만 실제로는 아무것도 주지 않기 때문이다. 속임수를 쓴 식물의 꽃가루는 무임승차를 하지만, 공짜 손님의 비율이 지나치게 높아져 곤충들이 감당할 수 없는 수준이 되면 결국 모든 난초에게 피해가 돌아갈 것이다. 기막히게 아름다운 서양복주머니란*Cypripedium parviflorum*은 북아메리카 숲속의 시원하고 축축한 하층부에서 자라는데, 19세기에는 히스테리로 대표되는 '여성의 문제'를 치료하기 위한 진정제로 과도하게 채집되었다. '아가씨 슬리퍼'라는 영어명처럼 눈에 띄는 노란색 신발에는 주황색 반점이 있고, 화려하고 긴 콧수염처럼 나선형으로 꼬여 양쪽으로 벌어진 진한 마젠타 브라운 색깔의 꽃잎이 있다. 냄새와 색깔로 이끌려온 벌은 반투명한 큰 반점을 따라 뒤쪽 출구로 나가면서 꽃가루 반죽을 온몸에 묻힌다. 양동이난초*Coryanthes speciosa*는 벽면이 매끈하고 끈적한 액체로 가득 찬 양동이 안에 꿀벌을 가둔다. 유일한 탈출구인 좁은 관을 통과하려다 보면 그 안에서 약 30분 정도 갇혀 있게 되는데 그 사이 꽃가루주머니가 몸에 들러붙은 채로 잘 말라붙는다.

대부분 난초의 꽃가루는 가루 형태가 아니라 참깨 한 알보다 크지 않은 왁스질의 화분괴 형태로 존재하며 둥근 접착판이 있다. 따뜻한 아메리카 대륙에 자생하는 노란색-오커색의 앙증맞은 온시디움*Oncidium*은 벌의 공격성을 이용해 수분한다. 꽃을 경쟁자로 착각한 수벌은 머리로 꽃을 들이박고 정확하게 화분괴를 잡아챈다. 그러고는 다음 꽃에 가서도 비슷한 방식으로 공격하다가 얼결에 화물을 배달한다. 플로리다의 브라시아 카우다타*Brassia caudata*는 가늘고 긴 노란색-초록색 꽃잎에 반점이 나 있어 거미의 사지를 닮았는데, 거미 사냥을 즐기는 암컷 대모벌을 유혹해 자신이 먹잇감이라고 믿는 것과 격투하는 과정에 꽃가루를 몸에 뒤집어쓰게 한다.

곤충 수컷이 교미 상대에 주의를 빼앗기는 일은 늘 일어난다. 오스트레일리아의 해머오키드*Drakaea glyptodon*는 모습도 냄새도 모두 말벌을 닮았지만, 착각한 수벌이 짝짓기를 시도하면 경첩이 달린 구조물이 꽃가루로 마구 때린다. 유럽과 북아프리카의 꿀벌난초인 오피리스*Ophrys*속은 뛰어난 사기꾼이다. 오피리스 스페쿨룸*Ophrys speculum*은 파리의 반짝이는 작고 푸른 털을 흉내 낸다. 오피리스 인섹티페라*Ophrys insectifera*의 미세한 표면 구조는 촉감까지 파리와 똑같다.

남아메리카의 카타세툼*Catasetum*속은 무지갯빛 에메랄드 유글로신벌을 유혹한다. 방아쇠를 건드린 벌은 등에 화분괴의 강력한 펀치를 맞는다. 다윈이 고래 뼛조각으로 시험했더니 화분괴가 1미터 떨어진 창문까지 날아가 들러붙었다. 크게 얻어맞은 벌은 당연히 한동안 수꽃을 피하고 대신 곧장 암꽃으로 날아가 화분괴를 전달한다. 서부 오스트레일리아의 극도로 희귀한 난초인 지하란*Rhizanthella gardneri*은 땅속에 살면서 꽃을 피우는데, 광합성을 하는 대신 균류를 먹고 산다. 지하란의 향기가 개미와 딱정벌레를 끌어들여 수정에 일조하고, 그 결과물인 씨앗들도 작은 동물에 의해 퍼진다.

난초의 씨는 대부분 먼지 같다. 언제든 퍼질 준비가 되어 있는 대신 양분이 없기 때문에 야생에서는 특정한 곰팡이가 친절하게 대 주는 양분으로 살아간다. 또한 손톱 크기의 작은 주머니 안에 백만 개 이상의 씨앗이 들어 있다. 따라서 완벽한 균류 파트너를 찾을 기회는 심각할 정도로 적고 자생지를 벗어나면 자연적으로 발아하기는 거의 불가능하다. 1890년대에 영양 배지에서 씨앗을 키우는 기술이 개발되기 전에는 난초들이 야생에서 힘들게 수집되었고 일부는 멸종했다. 그럴수록 신비로움은 더해 갔다.

향과 시각적 신호로 곤충을 유혹하고 조종하도록 진화한 난초는 인간의 마음까지 사로잡았다. 특별히 얼굴 형상을 잘 인지하도록 진화한 인간은 이상할 정도로 대칭에 끌린다. 난초의 향과 기이하게 여성스러운 형태는 거기에 타락과 장난기를 보탤 뿐이다.

카타세툼 오스클라툼

양동이난초

오피리스 스페쿨룸

오피리스 아피페라

브라시아 카우다타

오피리스 인섹티페라

지하란

코리스틸리스 상귀네아

스콜롭스 린레이니이

미국
변경주선인장 Saguaro Cactus
Carnegiea gigantea

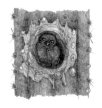

변경주선인장(사구아로선인장)은 균형의 본보기이자 자연 공학의 놀라운
위업이며 미국 남서부 소노란 사막의 아이콘이다. 수십 개의 단단한 목질성
보강 막대가 결합해 무게가 10톤이나 나가고, 2백 년 동안 15미터까지 자란다.
때로 줄기에 이유 없이 '볏'이 생겨 구불구불 접힌 회색의 부채꼴이 되기도 한다.

　　변경주선인장은 사막 생활에 잘 적응했다. 대부분의 식물은 잎의 기공을
통해 낮 동안 이산화탄소를 흡수하고 대신 수분을 잃는다. 반면에 건조한
지역에서 진화한 선인장이나 파인애플(170쪽 참조) 같은 식물은 뜨거운 낮에는
기공을 꼭 닫아 수분의 소실을 줄이고 시원한 밤에 기공을 열어 이산화탄소를
흡수한 다음 화학적으로 저장했다가 다음 날 낮에 광합성에 사용한다.

　　사악한 가시가 초식 동물 대부분을 막아 주지만, 힐라딱따구리는 용케
구멍을 뚫고 둥지를 짓는다. 구멍은 나중에 핀치나 요정올빼미 같은 다른
새들에게도 차례가 돌아간다. 변경주선인장은 단단한 흉터 조직으로 구멍
안쪽을 덧대는데 사람들이 이 자연의 컵을 용기로 편리하게 사용한다.

　　일단 수령이 70년을 넘기면 꽃이 피기 시작한다. 매년 5월이면
찻잔 크기의 눈이 부실 정도로 하얀 꽃을 찾아 낮에는 곤충들이, 밤에는
작은긴코박쥐가 방문한다. 붉은 과육에 검은 씨앗이 반짝거리는 보라색
열매를 많은 사막 생물들이 즐긴다. 아메리카 원주민 보호 구역인 토호노 오담
사람들은 긴 장대를 이용해 열매를 수확하고, 시럽을 만들거나 발효시켜 딸기
향이 나는 독한 맥주인 '티스윈'을 만든다.

　　선인장의 나이를 측정한 연구자들은 소노란 사막의 많은 선인장이
1884년에 싹을 틔웠다고 한다. 1884년은 인도네시아의 크라카토아 화산이
분출한 다음 해였는데 엄청난 화산재와 미세한 먼지를 토해 내면서 강우 패턴을
바꾸었고, 덕분에 소노란 사막은 변경주선인장들이 동시다발적으로 싹을 틔울
만큼 축축해졌다. 세상 반대편에서 일어난 폭발이 혹독한 서식지에서 삶의
기회를 준 것이다.

미국

옥수수  Maize
Zea mays

옥수수는 북아메리카와 오스트레일리아에서 재배되는 건장하고 활기찬 한해살이풀로 보통 3미터까지 자란다. 큰 줄기 꼭대기에 피는 수꽃의 노란 꽃밥은 작은 실 가닥에 잘 매달려 있다가 바람이 불면 꽃가루를 방출한다. 암꽃이 품은 은녹색 털 다발 안에서 가늘고 긴 암술머리 수백 개가 꽃가루 세례를 받고 수정할 준비를 마친다. 각 암술머리 끝에 콩만 한 크기의 옥수수 알갱이가 자란다. 현대의 옥수수는 속대에 알맹이가 단단히 붙어 있도록 개량되어 인간에게 종자 산포를 전적으로 의존할 수밖에 없는 또 다른 작물이다.

옥수수의 조상이 테오신테라는 것이 도저히 믿어지지 않는다. 이 식물은 중앙아메리카 고원 지대에서 자라는 작고 발랄한 초본인데, 삼각형의 씨앗 십여 개가 일렬로 단순하게 늘어선 게 전부다. 테오신테는 9천여 년 전에 멕시코 남부에서 재배되기 시작했는데 아마 처음에는 대에서 당분을 추출해 발효할 목적으로 선별되다가 점차 크고 많은 알맹이, 부드러운 껍질을 가진 품종으로 개량되었을 것이다. 기원전 1500년 무렵 옥수수는 지역의 중요한 식량이자 문화의 중심이 되었다. 잉카 궁전은 금과 은으로 된 옥수수 무늬로 장식되었고, 마야 문명에서는 제물로 바친 인간의 배에서 싹 트는 옥수수로 다산을 상징했다. 옛날 품종으로는 맛있는 팝콘을 만들 수 있다. 삼발이 냄비에 옥수수 알갱이를 넣고 빠르게 가열하면 단단한 껍질 아래에 증기를 가두고 있다가 어느 순간에 폭발한다. 아즈텍 시대에는 어부들을 보호하기 위한 의식으로 바다에 팝콘을 흩뿌렸고, 젊은 여성들은 비와 다산의 신인 틀락록을 기리기 위해 팝콘으로 화관을 만들어 썼다.

15세기 말, 2백 가지 이상의 옥수수가 개량되어 아메리카 대륙 전역에 퍼졌다. 어떤 품종은 스페인 사람들의 배에 실려 유럽으로 옮겨졌고, 거기에서 전 세계에 도입되었다. 북아메리카에서는 유럽인들이 정착하면서 옥수수 재배가 가속화되었다. 옥수수는 씨앗의 무게가 작은 데 비해 수확량이 많고, 갈지 않은 땅에서도 잘 자랐다. 아메리카 원주민들이 과거에 교배했던 품종에 기반해 19세기에 개량한 잡종이 오늘날 전 세계에서 수십억 톤씩 재배되는 슈퍼 작물의 전신이다. 매년 미국에서만 37만 제곱킬로미터의 땅덩어리에 옥수수를 심는데, 그중 10분의 1 미만이 인간이 먹을 사탕옥수수다. 약

40퍼센트는 가축에게 먹이는 데 쓰이고, 남은 절반은 발효되어 차량 연료용 에탄올이 되거나 아주 흔한 감미료인 액상 과당을 만드는 데 쓰인다.

가장 최근에 개량된 품종은 생산량이 월등하지만, 겉으로 보나 유전적으로나 걱정될 정도로 균일하다. 야생 조상인 테오신테, 즉 바이러스나 곤충의 공격에 저항성이 있는 친척을 보호하는 것은 식물 교배에 절대적으로 중요하다. 멕시코 옥수수들은 무지갯빛 알갱이가 상징하는 균일성의 부재로 칭찬받을 만하다. 멕시코에서는 곰팡이 감염병이라고 해서 무조건 부정적으로 생각하지 않는다. 옥수수 깜부기병은 식물 세포가 부풀어서 생긴 아주 부드러운 회색의 벌레혹과 양분을 흡수하는 균사체를 형성하는데 영양가가 높아 수프나 소스를 만들고, 훈제한 듯한 단맛이 일품이다.

쉽게 재배할 수 있고 수확량이 많은 옥수수는 여러 나라에서 주식이 되었는데 그 수준이 위험한 지경에 이르렀다. 필수 영양소인 니아신은 옥수수에도 많이 들었지만 대부분 인간이 흡수할 수 없는 형태. 옥수수 위주의 불균형한 식단은 니아신이 부족해서 발병하는 펠라그라병을 일으킨다. 증상은 피부염, 설사, 치매 등이고 심하면 사망한다. 멕시코나 중앙아메리카에서는 콩이나 호박 등의 채소를 먹어 니아신을 보충하고, 옥수수를 나뭇재나 간 조개껍데기와 같은 알칼리성 재료와 함께 요리하는 전통적인 조리법을 통해 옥수수의 니아신을 영양학적으로 흡수 가능하게 한다.

그러나 20세기 초 기근과 무지, 안타까운 마케팅('옥수수 매끼 먹기' 운동) 때문에 1906~1940년 사이에 미국 남부 지방에서는 펠라그라병이 대략 3백만 건 발병했고, 10만 명 이상의 목숨을 앗아 갔다. 남부의 어느 정신 병원에서는 환자 절반이 펠라그라병으로 인한 치매에 걸렸다는 기록도 있다.

옥수수에 크게 의존하는 개발 도상국에서는 펠라그라가 여전히 심각한 위협이지만 미국에서는 드물다. 대신 지나친 액상 과당 섭취로 비만과 당뇨에 시달린다. 아무리 좋은 것도 지나치면 없느니만 못한 법이다.

스페인이끼  Spanish Moss

Tillandsia usneoides

파인애플의 사촌인 스페인이끼는 사실 이끼와는 아무 관계가 없다. 프랑스 탐험가들이 스페인 정복자들의 긴 수염을 떠올리며 '스페인 사람의 수염'이라고 부른 것이 어쩌다 보니 스페인이끼가 되었을 뿐이다. 미국 남부 늪지대의 상징으로, 손가락 길이의 해골 같은 잎이 오그라진 사슬이 되어 나무나 전화선에 길게 늘어진 회녹색 커튼을 드리운다. 미국 남부를 여행한 빅토리아 시대 영국인들이 '하늘에서 내려온 거미줄'을 쓸어내렸다거나 '달빛에 울고 있는 마녀'를 보았다고 과장되게 표현하긴 했지만 정말 이상한 식물인 것은 맞다.

　스페인이끼는 착생 식물에 가깝다. 흔적만 남은 뿌리는 닻으로서의 기능 이상을 수행한다. 축축한 공기, 부스러기, 그리고 자기가 몸을 의탁한 참나무나 측백나무 잎에서 미미하게나마 영양분이 침출된 빗물로부터 필요한 것들을 얻는다. 잎에 돋은 미세한 비늘이 은색의 광택을 주고, 물과 광물을 가둔다. 홀로 피는 레몬 그린색의 꽃들은 작고 잘 눈에 띄지 않지만, 밤이면 은은하고 달콤한 사향 같은 냄새를 발한다. 스페인이끼는 쉽게 퍼진다. 새들이 둥지를 지으려고 뜯어내거나 폭풍에 내동댕이쳐진 작은 조각에서도 완전한 식물로 자랄 수 있고, 겨울에 밤색의 꼬투리에서 미세한 털이 달린 씨앗을 다발로 방출하면 미풍에 떠다니다가 축축한 틈바구니에서 발아한다.

　스페인이끼 안쪽의 목질 섬유는 말털을 닮았다. 미국 토착민들은 이 섬유를 잘 말려 돗자리나 밧줄을 만드는 데 사용했고, 정착민들은 초기 이동 수단의 좌석을 포함해 천을 씌운 가구의 내장재로 사용했다. 19세기 중반에 한 논객은 '미시시피의 나무에 매달린 이 식물은 전 세계 모든 매트리스를 만들고도 남을 양'이라고 말했다.

　스페인이끼는 부두 인형을 만드는 데에도 쓰인다. 부두 인형은 행운과 불행을 가져온다는 일종의 부적이다. 부두 부적과의 연관성이 이 식물에 나쁜 평판을 주었지만, 실제 인형을 만드는 사람들은 스페인이끼와 늪지대 서식지가 구현하는 길들지 않은 자연을 통해 보다 원시적인 감정을 즐기는지도 모르겠다.

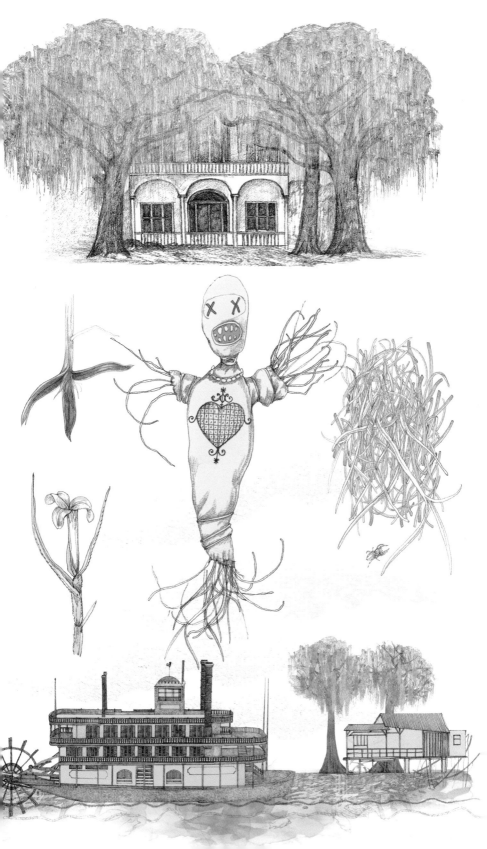

미국
태산목 <small>Southern Magnolia</small>
Magnolia grandiflora

태산목은 미국 남동부의 습한 숲 지대에 자생하는 거대한 장식용 상록수다. 통통한 흰색 꽃은 농구공 지름만큼 크게 피고 한없이 찬란하며, 잎보다 앞서 단체로 개화할 때는 숨이 멎을 듯 향기로운 레몬 향이 난다. 그러나 이 꽃은 또 다른 이유로도 놀랍다.

약 1억 4천만 년 전에 시작된 백악기 이전에 세계는 침엽수, 은행, 소철이 지배했다. 이 식물들은 바람에 의지해 꽃가루와 그 안의 정세포를 전달했다. 세월이 흘러 이 종들은 어느새 놀랍게 진화한 꽃식물과 경쟁하게 되었다. 꽃을 피우는 속씨식물들은 꽃 사이를 오가며 전달자 역할을 수행하는 곤충과 상호 호혜적 관계를 형성했다. 최초의 속씨식물 중 하나가 목련류이며 태산목은 그 후손이다. 태산목은 보상으로 영양 만점의 꽃가루를 받아가는 딱정벌레와 함께 진화했다. 당시에는 벌이 없었기 때문에 꿀을 만들 필요는 없었다. 다만 딱정벌레 파트너들이 식사를 할 때 망가지지 않게 꽃잎은 당시에나 지금이나 튼튼한 가죽질이고 연약하다기보다는 다부진 느낌이다. 종자는 원시 형태의 솔방울 구조물 속에서 실끈에 달려 늘어졌고, 밝은 주색의 옷을 입었으며 미풍에 날려 땅에 떨어진 다음 주머니쥐와 메추라기류에 의해 확산된다.

목련은 여유로운 아름다움과 넉넉한 그늘 때문에 대학 캠퍼스와 공원에서 인기가 있다. 그리고 전통과의 연관성과 절제된 화려함 때문에 미국 남부 스타일 결혼식에서 흔한 모티프다. 그러나 목련은 미국 남북 전쟁에서 남부 연합군의 상징이었고, 최초의 미시시피주 깃발에 쓰였다. 그리고 여전히 미국 남부에서 백인 중심의 강하고 혐오스러운 인종 차별의 상징이다.

18세기 중반에 영국에서는 태산목을 심는 약한 열풍이 불었고, 당시 심어진 인상적인 나무들이 아직 남아 있다. 그 나무에는 이제 영국 새들이 살고 있는데, 이국적인 나뭇잎과 꽃들 사이에서 아직은 어딘가 어색하다.

태산목 · 목련과

미국

담배 Tobacco

Nicotiana tabacum

가짓과에는 감자와 같은 식용 채소뿐 아니라 맨드레이크, 벨라도나, 담배처럼 위험한 독으로 자신을 방어하는 식물이 포함된다. 담배*Nicotiana*속에는 약 70종의 식물이 있는데 대부분 아메리카 대륙에서 왔고, 현재 그중 단 두 종만 재배된다. 허리 높이까지 자라는 아즈텍담배*Nicotiana rustica*는 페루 토종으로 니코틴 함량이 높고, 살충제를 만드는 데 쓰이거나 주술사들이 향정신성 약물로 종교 의례에 사용한다. 일반적인 담배는 볼리비아 원산의 니코티아나 타바쿰*Nicotiana tabacum*으로, 한 철에 머리 높이까지 자라는 한해살이 식물이다. 나팔 모양의 연한 꽃이 느슨하게 다발로 피는데, 끝으로 갈수록 분홍색이 진해진다. 꽃이 지면서 작은 낟알 같은 씨가 든 구슬 크기의 초록색 삭과에 자리를 준다. 담배도 꽃을 피우고 열매를 맺지만 사람이 일부러 꽃대를 잘라 식물이 잎에 자원을 더 투자하게 하는 것이다. 크게 자란 잎을 수확해 따뜻한 곳에 매달고 숙성시키면 익숙한 황갈색으로 변하면서 복잡하고 기분 좋은 가죽질 향이 발달한다.

담배는 분비샘이 발달한 미세한 털로 온통 뒤덮였다. 끈적거리는 노란 분비물 속 니코틴은 뿌리에서 제조되어 식물 전체에 운반된다. 신경 독소인 니코틴은 신경 자극을 방해하고 이 식물에 면역을 키우지 않은 곤충을 마비시킨다. 인간도 마찬가지다. 니코틴 원액 몇 방울도 인체에 치명적이고, 놀랍게도 피부를 통해 흡수된다. 소량일 때에는 흥분제나 진정제로 기능하고, 복용량에 따라 배고픔, 열, 통증을 억제하는 동시에 심박수와 혈압을 증가시킨다. 남아메리카에서 사용된 최초의 마약이었던 담배는 유럽인들이 도착하기 전 수천 년 동안 토착민들이 우려내거나 씹거나 흡입하는 방식으로 종교 의례에 사용했다. 크리스토퍼 콜럼버스가 1492년에 쿠바에 도착했을 때 현지인들이 콧구멍에 꽂은 갈대를 통해 꼬아 놓은 담뱃잎에서 나오는 '연기를 들이마시는' 것을 보았다. 이는 하바나 시가의 원조다. 담배는 곧 스페인에 도착했고, 1560년대에 프랑스 외교관 장 니코(담배와 니코틴이 그의 이름에서 온 것이다)가 프랑스 궁전에 보냈다. 엘리트 집단 사이에서 담배 가루를 한두 줌씩 흡입하는 습관이 유행했고, 이내 파이프 담배가 유럽의 인기 있는 대체품이 되었다.

17세기 초에 담배는 버지니아의 북아메리카 식민지 정착지에서 최초로 수익성 있는 수출품이 되었고, 곧 중요한 상품으로 자리 잡았다. 처음에는 영국에서 기근과 가난을 피해 떠나온 사람들을 고용해 재배, 가공했으나 영국의 상황이 나아지고 생산량이 확대되면서 아프리카 노예 노동이 일반적인 방식으로 빠르게 전환되었다. 18세기 중반까지 약 14만 명의 노예들이 버지니아와 메릴랜드의 대규모 담배 플랜테이션을 중심으로 매년 영국으로 보낼 담뱃잎 1만 5천 톤을 가공했다. 미국 건국의 주역인 토머스 제퍼슨과 조지 워싱턴이 담배 귀족에 속한다. 그로부터 약 250년이 지난 현재에는 전 세계에서 10억 명 이상의 흡연자들이 1년에 5조 5천억 개비의 담배를 피우고 있으며, 끝없는 마케팅과 느슨한 규제로 개발 도상국에서는 담배 소비가 여전히 늘고 있다.

　　니코틴 자체도 극도로 중독성이 있고 온갖 건강 문제를 일으킨다. 그러나 담배 연기에 들어 있는 수백 가지의 다른 물질과 결합하면 그 분자와 작은 입자들은 폐뿐만 아니라 다른 장기들에까지 더 위험한 영향을 미친다. 담배 산업은 위험성이 즉각적이거나 뚜렷하지 않고, 끊고 싶어 하는 사람들에게 불쾌한 신체적, 심리적 금단 증상을 일으키는 중독성 상품을 제공한다. 확실히 인상적인 비즈니스 모델이 아닐 수 없다. 담배 판매 수입은 회사 임원들, 주주, 정부에 막대한 이익을 가져다주었다. 그러나 담배는 그 어떤 식물보다 많은 사람들을 죽이고 장애를 일으켰다. 또한 식량을 재배하거나 가치 있는 숲 서식처로 쓰여야 할 4만 제곱킬로미터의 땅을 낭비한다. 담배 회사를 모범적인 기업 시민으로 내세우기 위해 엄청난 돈을 투입하고 로비 활동을 하는 사람들의 의지에 경탄할 수밖에 없다. 담배의 흡인력은 정말로 강렬한 것 같다.

호박 Squash & 박 Bottle Gourd

*Cucurbita*속 & *Lagenaria siceraria*

호박, 박, 멜론, 오이는 모두 박과 식물이다. 메마른 땅에서 탄생한 활기차고 번식력 좋은 식물들로 땅바닥을 기거나 구부러진 덩굴손으로 위를 향해 휘감아 올라간다. 박과 식물의 열매는 보통 크고, 먹을 수 있고, 생기 있는 색깔이고, 딱딱한 껍질 안에 풍성한 과육에 둘러싸여 있는 씨앗이 있다. 식물학적으로는 호과라고 부른다. 호박은 대부분 미국 남부에서 안데스산맥을 아우르는 지역이 원산지인데 기운이 넘치고 잎이 크며, 반짝거리는 다섯 개의 꼭짓점이 있는 주황색 꽃들은 홀로 생활하는 전문적인 스쿼시벌(*Peponapis*속과 *Xenoglossa*속)들이 꽃가루받이한다. 이 벌들은 식물에 해를 주지 않고 그 밑에 굴을 판 다음 둥지로 사용한다.

원래 호박 종자는 약 1만 2천 년 전에 멸종한 땅늘보나 마스토돈 같은 거대 동물에 의해 산포되었다. 이 동물들이 사라지면서 야생 호박의 수도 줄었을 테지만 어느새 인간에게 구조되어 천 년 동안 교배를 통해 처음에는 영양가 있는 씨앗을 생산하고 쓴맛을 없애기 위해, 그리고 나중에는 과육을 중심으로 개량되었다. 소수의 야생종에서 시작된 호박이 오늘날에는 수십 종으로 늘어났다.

옥수수(184쪽 참조), 콩과 함께 호박은 마야 문명이 개발한 자급자족 경작 시스템인 밀파의 '세 자매'로 멕시코 일부 지역에 여전히 남아 있다. 밀파는 균형 잡힌 식단의 기초를 형성하고 조화로운 농업 경제를 창출한다. 모든 콩과 식물(토끼풀, 30쪽 참조)에게는 공기 중의 질소를 고정하는 능력이 있다. 따라서 콩은 옥수수에게 질소 비료를 주고, 그러면 옥수수는 콩과 호박의 지지대가 된다. 호박은 습기를 보존하고 토양 침식을 방지하고 잡초를 억누르는 초록색 담요를 형성한다. 북아메리카에서 초기 영국인 정착자들은 토착민들로부터 밀파 시스템을 배웠고, '스쿼시(호박)'라는 이름도 받았는데, 원래는 나라간세트족 언어로 '날로 먹다'라는 뜻의 'askutasquash'의 줄임말이다.

호박은 일반적으로 먹는 시기에 따라 구분한다. 여름 호박은 부드럽고, 덜 익었을 때 따기 때문에 기껏해야 몇 주밖에 보관하지 못한다. 그중에는 꽃을 기름에 튀기면 맛있는 주키니 호박과 가리비 모양으로 주름지고 평평한 피터팬 호박이 있다. 버터넛 호박 같은 겨울 호박은 덩굴에 달려 숙성되고 가을에 수확해서 몇 달 동안 보관된다. 달콤한 주황색 전분성 과육은 푹 끓여서 수프를 만들면 그윽한 견과류의 맛이 난다. 굽거나 기름에 볶아서 영양가를 높일 수도 있다. 영어로 펌킨은 하나의 종이나 품종이 아니라 커다란 주황색 호박을 통칭하는 말이다. 추수감사절의 달콤한 소울 푸드인 호박 파이의 주재료인데, 호박의 밍밍함은 생강, 계피, 설탕으로 상쇄된다. 고대 켈트족의 수확 축제인 삼하인은 순무를 조각해 그 안에 기름 램프를 넣고 악령을 막는 관례가 특징이다. 19세기 초 스코틀랜드와 아일랜드 이민자들이 이 풍습을 미국에 가져오면서 순무 대신 펌킨을 사용하기 시작했다. 창의성, 유머, 약간의 상처가 어우러져 매년 1억 개 이상의 핼러윈 호박 등불이 조각되고 있으며 현재 이 전통이 유럽에 역수입되고 있다.

펌킨은 다산을 뜻하지만, 희한한 경쟁의 대상이기도 하다. 몇몇 대형 품종은 펌킨 레가타(보트 경주)에서 사람이 안에 타고 노를 저어 강을 건널 정도로 크다. 유난히 크기에 집착하는 남성들 간에 세계에서 가장 큰 호박을 키우려는 경쟁이 벌어진다. 지금까지 최고 기록은 약 1톤으로 자동차 한 대 무게에 달한다.

박Lagenaria siceraria은 중앙아프리카가 원산지이며 호박과 가깝고 덩굴처럼 자란다. 연한 초록색의 은은한 잎맥이 있는 하얀 꽃은 구겨진 휴지처럼 주름졌고, 반면에 내구성이 강한 열매는 굴곡진 형태로 덩굴에 매달린다. 열매인 박을 먹는 일은 거의 없고, 속을 파낸 다음 정교하게 장식을 하거나 일상에서 그릇이나 컵, 국자로 사용하고 물이나 우유를 운반하는 데에도 사용된다. 뉴기니 일부 지역에서는 일부 품종을 특별히 개량해 평소에 남성의 음경에 씌우고 다닌다. 그 정확한 용도는 인류학자들 사이에서 의견이 분분하지만 지위나 성적인 강조, 부족 간의 식별 표시, 또는 단순한 재미용이 아닐까 싶다. 동기가 무엇이건 집채만 한 호박을 가꾸는 서양 남성들과 본질이 크게 달라 보이지 않는다.

사라세니아 플라바

다링토니아

사라세니아 푸르푸레아

자주사라세니아

사라세니아 오레오필라

벌레잡이 식물

*Sarracenia*속 & *Darlingtonia*속 & *Nepenthes*속

잎을 통해 흡수하는 이산화탄소를 제외하고 식물은 대부분의 영양분을 뿌리를 통해서 얻는다. 그러나 5백 종 이상의 식물종이 열악한 토양에 뿌리를 내리고 살면서 부족한 식단을 육식으로 보완했다. 수렴 진화의 인상적인 예로서 서로 다른 대륙에 서식하는 전혀 연관성이 없는 식물 집단이 충격적일 정도로 비슷한 포충낭을 독립적으로 진화시켰다. 포충낭은 특수화된 잎으로, 정교하게 제작된 입구나 뚜껑, 덮개가 있어 액체가 가득 찬 주머니 안으로 곤충을 유인한다.

이 낭상엽 식물들은 묘한 냄새와 복잡한 무늬로 희생자를 유혹한다. 어떤 무늬는 자외선을 반사해 인간의 눈에는 보이지 않는다. 또한 곤충의 눈을 사로잡는 꽃이나 사체 등을 흉내 내기도 한다. 꼬임에 빠진 곤충들은 함정을 만난다. 내부의 미세한 털은 주머니 속으로 들어갈 수밖에 없게끔 배열되었다. 또한 물로 된 얇은 막은 방문객으로 하여금 통제 불능 상태에서 아래로 미끄러지게 한다. 먹잇감에게 여지를 주지 않는 나노 스케일의 왁스 코팅도 한몫한다. 주머니 안에는 소화 효소와 세제 성분(곤충이 액체에 젖어 쉽게 가라앉아 죽게 한다)은 물론이고 분해를 서두르는 박테리아까지 들어 있다. 이 낭상엽 식물에서 영감을 받은 작가들은 공포의 공상 과학 소설을 썼고, 과학자들은 미끄럽고 자기 윤활이 가능한 물질(예를 들어, 배의 항력을 줄이고 따개비나 해조류가 들러붙지 못하는 코팅제)을 개발했다.

이 식물들도 번식하려면 꽃가루 전달자가 필요하다. 그러나 배달원이 포충낭에 갇혀 죽는 끔찍한 시나리오는 피해야 한다. 그래서 진화는 여러 방도를 마련했다. 꽃은 포충낭에서 되도록 멀리 떨어져 핀다. 그리고 개화 시간과 함정이 열리는 시간대가 다르다. 또한 기발하게도 꿀물을 찾아오는 곤충과 잡아먹히기 위해 오는 곤충을 서로 다른 화학 신호로 유인한다.

자주사라세니아*Sarracenia purpurea*는 캐나다 동남부와 미국 동북쪽의 습지대에서 자란다. 이 식물의 함정은 크게 부풀어 종아리 높이에서 뭉쳐나고, 토끼 귀의 핏줄을 닮은 화려한 진홍색 패턴이 묘하게 아름답다. 홀로 핀 핏빛의 꽃은 가느다란 꽃대 위에서 고개를 다소곳이 숙인다. 자주사라세니아는 식성이 까다롭지 않아 진드기, 파리, 각다귀, 민달팽이, 작은 개구리, 그리고 각종 개미를 가리지 않고 먹는다.

미국 북서부에 서식하는 코브라릴리*Darlingtonia californica*는 몸을

치켜세운 뱀의 기괴한 형태를 하고 있다. 주둥이가 아래를 향하고 있어 빗물이 들어갈 수 없기 때문에 대신 뿌리에서 퍼 올린 물로 함정을 채운다. 입구 근처의 생생하고 혀 같은 돌기는 향기로운 꽃꿀을 잔뜩 싣고 있지만, 일단 곤충이 들어서는 순간 빛을 향해 위로 도망치려는 본능적 시도가 반투명 덮개에 의해 좌절된다. 포로들은 쉼 없이 덮개에 부딪쳐 보지만 결국 힘이 빠져 함정으로 추락한다.

동남아시아 숲에는 또 다른 열대 낭상엽 식물속인 네펜테스*Nepenthes* 150종이 서식한다. 폭우로 인해 토양의 영양분이 침출되는 보르네오 키나발루산의 경사진 곳에서 특히 많이 찾아볼 수 있다. 많은 종이 목질성 덩굴로 15미터 이상 주위를 휘감으며 올라가는데, 위쪽에는 날아다니는 곤충을 잡기 위한 주머니 모양의 잎이, 아래쪽에는 숲 바닥을 기어 다니는 생물을 가두기 위해 전혀 다르게 생긴 덫이 자란다. 설치류나 작은 포유류 등 제법 큰 동물들도 덫에 걸린다. 네펜테스는 북아메리카의 낭상엽 식물들과 많은 기술을 공유하지만, 이들에게는 추가로 진화한 전략이 있다. 일부 식물이 주머니 속 용액에 독물이나 수면제를 첨가하는데, 이 물질은 대개 점성과 탄성이 있어서 당황한 먹잇감이 거세게 발버둥칠수록 더 효과적으로 들러붙는다. 네펜테스 알보마르기나타*Nepenthes albomarginata*는 주머니 둘레에 연한 띠를 형성하고 흰개미가 먹이로 아주 좋아하는 지의류를 흉내 낸다. 네펜테스 그라킬리스*Nepenthes gracilis*는 탄력 있는 덮개의 밑면으로 파리를 끌어들인 다음, 위에서 떨어지는 물방울의 힘을 빌려 파리를 아래로 튕겨 낸다. 어떤 종은 동물을 죽이지 않고도 필요한 것을 얻는다. 네펜테스 로위이*Nepenthes lowii*는 보르네오나무두더지가 좋아하는 흰색 분비물을 제공하는데, 나무두더지가 '변기' 자세로 걸터앉아 식사하는 동안 정확한 자리에 배설물을 떨어뜨리도록 기가 막히게 위치를 조절한다. 네펜테스 헴슬레야나*Nepenthes hemsleyana*도 박쥐에게 쉼터를 제공해 비슷한 결과를 얻는다. 반면에 네펜테스 암풀라리아*Nepenthes ampullaria*는 소형 퇴비 통에 낙엽을 받아 채식주의자로 살아간다.

찰스 다윈은 육식성 식물의 놀라운 적응력에 감탄하며 '세계에서 가장 경이로운' 식물이라고 칭했다. 그들의 유혹에 더 깊은 의미는 없을까? 이 식물을 사람에 빗대지 않기는 힘들다. 그렇다면 이 식충 식물들이 병적으로 매혹적인 이유는 그 무자비한 행동이 다분히 의도적으로 보이기 때문일 것이다. 정말 소름 끼치는 생각이 아닐 수 없다.

시리아관백미꽃 Common Milkweed

Asclepias syriaca

가슴 높이까지 자라는 시리아관백미꽃(밀크위드)은 여름철이면 꽃꿀을
제공하는 미세 서식처로 곤충들이 수없이 문을 두드린다. 복숭아색 꽃은 취할
정도로 달콤한 향기가 진동하고, 고도로 정교하게 진화했다. 먹이를 찾는
곤충은 종종 꽃잎 위의 왕관 같은 뿔 사이에 난 미세한 틈에 다리가 끼인다.
파리나 소형 말벌처럼 작은 곤충은 그대로 죽거나 다리 한두 개를 남기고
떠난다. 하지만 벌처럼 더 큰 곤충은 온몸을 비틀어 간신히 빠져나오는데,
이때 꽃의 구상체(각각 2~3밀리미터쯤 되는 팔이 두 개 달린 일종의 죔쇠)가 양팔에
황금색 꽃가루 꾸러미를 들고 곤충의 다리에 들러붙어 꽃에서 떨어져 나간다.
벌이 나는 동안 팔이 마르고 뒤틀리면서 다음에 방문한 꽃의 틈새로 꽃가루
꾸러미가 정확하게 미끄러져 들어가 소중한 화물을 배달한다. 그 결과물인
무사마귀투성이의 초록색 씨앗 꼬투리는 익으면 터져서 빽빽하게 포장된
납작한 갈색 종자를 드러낸다. 씨앗은 고운 실타래로 된 하얀 깃털 위에서 멀리
떠다닐 준비를 마친다.

　　관백미꽃의 줄기와 잎에 든 크림색 유액에는 쓴맛이 나는 카르데놀리드가
들어 있는데, 심장을 멎게 하는 독소로 초식 동물에게 효과적이다. 단,
제왕나비(북아메리카의 대서양 연안에서 떼 지어 지내다가 겨울을 나기 위해 수천
킬로미터를 날아 멕시코까지 이동하는 것으로 유명하다)는 특별히 시리아관백미꽃
잎의 밑면에 알을 낳는다. 화려한 검정-하양-황금색 줄무늬 애벌레는 알에서
나오자마자 이상적인 먹이를 발견한다. 제왕나비 애벌레는 잎 속의 독을 견딜
뿐 아니라 심지어 자신의 몸속에 저장해 새들이 기피하는 대상이 된다.

　　이 꽃의 서식지는 과도한 농약 살포와 근시안적 생태관 때문에 줄어들고
있다. 제왕나비를 도우려는 가상한 노력에서 사람들이 텃밭이나 뒤뜰에
관백미꽃을 심고 있긴 하지만 같은 속의 화려한 '금관화Asclepias curassavica'를
고른다는 게 문제다. 안타깝게도 이 종은 겨울에도 죽지 않기 때문에
제왕나비의 계절 이동에 혼선을 주고, 나비 기생충의 숙주가 되어 파괴적인
감염의 온상이 된다. 사람들이 점차 토종 시리아관백미꽃을 정원에 심으면서
제왕나비와 다른 귀중한 곤충들의 부활을 돕고 있다. 이렇게 귀한 식물이 '흔한',
그리고 '잡초'라는 이름을 가지지 않았다면 그 과정은 더 빨리 진행되겠지만
말이다(*시리아관백미꽃의 영어명인 common milkweed를 두고 하는 말이다).

시리아관백미꽃 * 협죽도과　　　　　　　　　　　　　　　　　　　　　　　　　　　200

캐나다

속새 ^{Horsetail}

Equisetum hyemale

속새는 아주 잘생겼고 대단히 원시적인 식물이다. 태곳적에 식물이 맨 처음
꽃으로 곤충을 유혹하던 때보다 한참 전, 그리고 꽃가루가 진화하기 전, 심지어
식물에 씨앗이 맺히기도 전에 존재한 식물계의 조상님이다.

북반구의 시원한 지방 전역에서 흔히 볼 수 있는 속새는 습기가 많고
척박한 토양에서 잘 자란다. 손가락 굵기의 초록색 줄기는 놀라울만치 뻣뻣하고
크기는 무릎 높이를 넘는 일이 없다. 이 식물에서 빛을 모으는 것은 각 마디에
둘러 난 보잘것없는 자줏빛 비늘잎이 아닌 이 줄기다. 그 안에 들어 있는
실리카가 줄기를 뻣뻣하게도, 거칠게도 만든다. '윤기 내는 풀', '총기 손질 도구',
'광 내는 땜납' 등의 영어 일반명에서 역사 속 속새의 용도를 가늠할 수 있다.
삶아서 말린 줄기는 지금도 색소폰과 클라리넷의 리드를 조각하기 위해 팔린다.
일본에서는 섬세한 목제품에 광을 내는 데 쓰인다.

일부 속새의 줄기는 봄이면 줄기 끝에 쾌활한 무늬가 있는 스트로빌리라는
작은 솔방울이 달리는데 거기에서 매년 수많은 포자를 방출한다. 포자의 길이는
1밀리미터의 20분의 1에 불과하며 그 안에 다음 세대의 재료가 들어 있다. 이
작은 포자가 여정을 시작하는 방식은 놀랍다. 포자는 가장 바깥층이 갈라져
탄사라는 네 개의 사지를 생산한다. 탄사는 포자 주위를 돌돌 말고 있지만,
마르면 풀린다. 작은 팔이 엉켜 있을 때도 있는데, 여전히 풀어지려고 애를
쓰다가 갑자기 '팅' 하면서 포자를 공기 중에 날려 보낸다. 주변 공기가 습하고
건조하기를 거듭하면 포자는 매번 약 1.5밀리미터씩 반복적으로 뛸 수 있다.
별것 아닌 것처럼 보일지 모르지만 제 키보다 30배나 높이 올라가는 대단한
능력이다. 풍동 실험에 따르면, 이런 식으로 드라마틱하게 튕겨 나간 포자는
미풍에 올라탈 확률이 증가한다.

속새의 멸종한 사촌인 칼라미테스*Calamites*는 실로 괴물이었다. 30미터
이상에 이르는 목질성 줄기를 가지고 3억 6천만 년 전에 무성하게 자랐다.
그러나 6천만 년이나 지나서야 곰팡이와 박테리아가 본격적으로 나무를
분해하기 시작했으므로 그때까지 모든 나무는 죽은 다음 압착되어 석탄이
되었다. 세계 석탄의 상당 부분이 이 시기에 거대 속새에서 왔고, 그래서 그
시대를 석탄기라고 부르는 것이다.

해양 식물성 플랑크톤 Marine Phytoplankton

현미경으로나 들여다봐야 볼 수 있는 단세포 유기체는 일반적인 식물의 정의에
어긋날지도 모른다. 하지만 어쨌거나 식물의 가장 중요한 능력은 광합성이고
식물성 플랑크톤은 광합성을 한다. 대부분 빛이 통과하는 수면 근처에서 해류를
타고 돌아다니며 불과 며칠만 산다.

식물성 플랑크톤은 태양을 이용해 바닷물에 녹아 있는 이산화탄소를 탄소
화합물로 전환하고 몸속에 저장하는데, 나무가 잎과 목재의 형태로 탄소를
축적하는 것과 똑같다. 플랑크톤은 크기가 작은 대신 양이 많다. 바닷물 한
숟갈에 수십만 개체가 들어 있다. 다 합치면 바닷속 식물성 플랑크톤은 나무와
그 밖의 모든 육상 식물을 합친 것만큼 이산화탄소를 흡수하고 또 그만큼
산소를 내뿜는다. 식물성 플랑크톤은 또한 대양의 1차 생산자다. 즉 먹이 사슬의
출발지라는 뜻이다. 식물성 플랑크톤이 없으면 바다의 다른 어떤 생물도 존재할
수 없다.

식물성 플랑크톤은 크기가 보통 가느다란 털의 굵기 정도지만 훨씬 작은
것들도 있다. 확대하면 평행 우주, 환각 물질, 외로운 우주선, 신기한 기하학적
형상, 미세한 뱀과 사다리, 극세사에 꿴 구슬로 만든 화환 등이 보인다. 식물성
플랑크톤에는 수천 종이 있다.

양분과 수온이 적당한 시기에 플랑크톤이 폭발적으로 번식해 수백
제곱킬로미터에 걸쳐 꽃을 피우면 그제야 우리 눈에 들어온다. 와편모조류라는
플랑크톤 무리는 바다를 붉게 물들이는 적조 현상을 일으킬 정도로 수가 많다.
심지어 어떤 와편모조류는 생물 발광이라는 화학 과정을 통해 빛을 낸다.
방어 메커니즘으로 진화한 이 현상은 움직임에 의해 촉발되며 집단으로 빛을
발산했을 때 포식자를 놀라게 하거나 그 포식자를 쫓아낼 더 큰 바다 생물을
유인하는 것으로 보인다.

따뜻하고 부드러운 바다에서 피어나는 야행성 생물 발광은 가슴이 벅찰
정도로 아름다운 자연의 풍경이다. 광활한 바다에서 맥동하는 식물 집단에
둘러싸인 채 하나하나로 보면 보잘것없는 식물성 플랑크톤이 바닷속 모든
양분과 생물의 근원임을 깨닫는 경험 앞에서는 진정으로 겸허해질 수밖에 없다.

(**다음 여행지**)

다음 여행은 진짜 식물과 함께 시작해 보길 권한다. 마음에 드는 식물을 하나 찾아보자. 작은 나무도 좋고, 꽃이 핀 덤불도 좋다. 적어도 20분 동안 아주 꼼꼼히 관찰하자. 아주 집중해서. 모양과 색깔, 무늬, 잎과 꽃의 감촉과 향기, 꽃잎이나 나뭇잎이 달린 방향이나 순서, 털과 같은 미세한 특징, 그 위에 있는 곤충이나 알, 상처나 질병 등 모든 것을 눈에 담아 보자. 그 다음에는 질문을 하자. 이게 뭘까? 어떻게 이렇게 되었을까? 왜 이렇게 되었을까? 다른 식물에 대해서도 같은 과정을 반복하고 그 식물에 대해 알고 배우자. 그 결과는, 최악의 경우라도 약간의 시간 낭비에 불과하고, 이상적인 경우라면 세상을 보는 시선이 바뀔 거라고 장담한다.

그런 다음 식물원에서 본격적인 여정을 시작하길 추천한다. 식물원에 전시된 다양한 식물들을 보면 흥분하게 될 것이다. 대부분의 식물원에는 열정적인 직원들이 상주하고, 도움을 줄 참고 자료가 구비되어 있다. 또 뜻이 맞는 사람들을 만날 이벤트도 열릴 것이다. 가까운 식물원은 국제 식물원 보존 연맹 사이트(www.bgci.org)에서 검색할 수 있다. (*한국의 수목원 및 식물원은 산림청 사이트 http://www.forest.go.kr에서 '수목원 현황'을 참고하거나 사단법인 한국식물원수목원협회 사이트 http://www.kabga.or.kr에서 검색하면 된다.)

뒤에는 이 책을 보완하기 위해 읽을 만한 책들을 소개했다. 대부분 쉽게 구할 수 있지만, 일부는 도서관에 가거나 중고 서점을 뒤져야 할 것이다. 식물 여정을 막 시작하는 사람들도 쉽게 즐길 수 있는 책은 별표*로 따로 표시해 두었다.

나는 이 책을 쓰면서 많은 학술지와 과학 논문을 참조했다. 이 책에는 전체 목록을 다 싣지는 않았지만 www.jondrori.co.uk/80plants에서 각 종에 관한 추가 참고 자료 및 기타 유용한 링크를 찾을 수 있을 것이다.

(식물)

여러분이 이 책을 재미있게 읽었다면,
뻔뻔해 보일지 몰라도 이 책의 다른
시리즈를 권해 볼까 한다.
Around the World in 80 Trees(한국어판:
나무의 세계),
나 조너선 드로리가 쓰고, 루실 클레르가
그렸다.

The Forest Unseen(한국어판: 숲에서 우주를
보다), D. G. Haskell (Penguin Books, 2013)
오래된 테네시 숲 1제곱미터를 세심하게
관찰한 의외로 시적인 책.

The Private Life of Plants(한국어판: 식물의
사생활), D. Attenborough (BBC Books, 1995)
식물의 세계를 그림과 함께 광범위하게,
그리고 예리하면서도 쉽게 설명한
데이비드 애튼버러의 걸작 중 하나.

*Anatomy of a Rose: The Secret Lives of
Flowers*, S. Apt Russell (Random House
Group, 2001)
매혹적이고, 재치 있고, 쉽다.

Living Plants of the World, L. and M.
Milne (Random House and Nelson, 모두 1967)

(과학)

기본적인 과학 원리에 익숙하다면 봐야 할
책이다.

Nature's Palette, D. Lee (University of
Chicago Press, 2007)
식물의 색깔에 관한 기분 좋은 책. 재치
있고 자기 주장이 강하며 전문적인 내용이
나오긴 하지만, 비전문가들도 쉽게 읽을
만한 부분도 많이 있다. 삽화가 아름답다.

Trees: Their Natural History, Peter A.
Thomas (Cambridge University Press, 2014)
나무가 살아가는 방식과 하는 일에 대해
알고 싶다면 이 책만큼 군더더기 없는
자료는 없다.

The Kew Plant Glossary, 2nd edition, H.
Beentje (Kew Publishing, 2016)
훌륭한 용어집. 식물에 관한 책을 읽을 때
다른 한 손에 들고 있어야 할 참고서.

Nature's Fabric, D. Lee (University of
Chicago Press, 2017)
과학과 문화가 잘 버무려진, 재밌고 묘사가
훌륭한 책이다. 놀라울 정도로 내용이
자세하지만, 읽기 어렵지 않다.

Flowers in History, P. Coats (Weidenfeld &
Nicolson, 1970)
사회사, 고전 역사, 정원 가꾸기와 관련된
잘 쓰인 책.

(식용 식물)

Dangerous Tastes: The Story of Spices, A. Dalby (British Museum Press, 2000)
각종 향신료에 관한 권위 있는 이야기. 유쾌하게 읽을 수 있다.

McGee on Food & Cooking(한국어판: 음식과 요리), H. McGee (Hodder & Stoughton, 2004)
셰프와 식물광이 똑같이 좋아할 만한 훌륭한 참고서. 대단히 과학적인 측면에서 썼다.

The Oxford Companion to Food, A. Davison (Oxford University Press, 1999)
우리가 먹는 모든 것이 알파벳 순서로 정리된 방대한 참고서.

Sturtevant's Notes on Edible Plants, U.P. Hedrick, ed. (J.B. Lyon Company, 1919)
백과사전적 참고 문헌이자 짧은 역사적 정보를 훌륭하게 보여 준다. 재배농들을 주요 타깃으로 쓴 책.

(일반 참고 문헌)

대단히 훌륭하고 종합적인 책들이지만 구입하기엔 값이 많이 나가므로 도서관에서 보길 권한다.

Biology of Plants, 7th edition, P.H. Raven, R.F. Evert and S.E. Eichhorn (W.H. Freeman & Co, 2005)
내가 최고로 꼽는 식물학 일반 개론서.

The Plant-book, D.J. Mabberley (Cambridge University Press, 2006)
식물이 종별로 설명되었다. 내용이 혀를 내두를 정도로 방대하다. 글씨가 작아도 이해하길 바란다. 식물광들을 타깃으로 삼은 책.

Sustaining Life: How human health depends on biodiversity, E. Chivian and A. Bernstein (Oxford University Press, 2008)
세상 모든 정치가와 정책 입안자들의 필독서.

Tropical & Subtropical Trees: A worldwide encylopaedic guide, M. Barwick (Thames & Hudson, 2004)
방대한 분량과 아름다운 삽화. 너무 쉽게 써서 놀랐다.

(역사 여행과 식물 채집)

식물에 대한 지대한 관심을 가진 초기 여행자들의 이야기는 언제나 재밌고 시대상에
관해 많은 사실을 알려 준다. 19세기 알렉산더 폰 훔볼트의 남아메리카 여행은 한 개인의
과학적 여정에 관한 훌륭한 이야기다. 19세기 중반의 원정 보고서인 헨리 월터 베이츠의
『아마존강의 박물학자The Naturalist on the River Amazons』(1863)와 조지프 돌턴 후커의
『히말라야 저널Himalayan Journals』(1854)은 훌륭한 책이다. 메리 킹슬리의 *『서아프리카
여행Travels in West Africa』(1893)은 식물 표본을 채집하기 위한 외로운 여정에 대한
황당하면서도 즐거운 이야기가 들어 있다. 또 다른 여행자이자 전 시대를 통틀어 가장
위대한 박물학자는 찰스 다윈이다. 그의 책『종의 기원Origin of Species』(1859)은 모든
이의 필독서임은 틀림없지만, 나는 특히 그의 『난초가 곤충을 이용해 수정하는 다양한
방식The Various Contrivances by Which Orchids are Fertilised by Insects』(1862)을 재밌게
읽었다. 이 책은 다윈의 관찰법과 기이한 난초의 세계로 멋지게 안내한다. 이 책들은 모두
저렴한 현대판으로 쉽게 구할 수 있다.

(실용식물학)

식물이 사람에게 어떻게 쓰이는지
설명하는 책들이다.

*Plants from Roots to Riches, K. Willis and
C. Fry (John Murray, 2014)
각 식물종에 대한 흥미로운 역사.

*Plants and Society, E. Levetin and K.
McMahon (McGraw Hill, 2020)
아주 읽기 쉬운 책. 구판은 저렴한 가격에
구할 수 있다.

The Commercial Products of India, G. Watt
(John Murray, 1908)
상업적으로 유용한 모든 식물에 대해
환상적으로 상세하게 설명한 책. 재배
방법뿐 아니라 역사와 문화에 대해서도
설명한다. 대영 제국에 관해 파악하기에
적당한 책.

People's Plants: A Guide to Useful Plants
of Southern Africa, B.-E. van Wyk and N.
Gericke (Briza Publications, 2007)
인류 최후의 수렵 채집인인 산족 사람들이
식물을 이용하는 많은 사례가 실려 있다.

Plants in Our World, 4th edition, B.B.
Simpson and M.C. Ogorzaly (McGraw-Hill,
2013)
인간의 식물 활용에 관한 훌륭한 참고서.

(**의약품, 약물, 독**)

Dangerous Garden, D. Stuart (Frances Lincoln, 2004)
과학과 역사의 최고의 조합. 꼼꼼하게 조사한 내용을 읽기 쉽게 써 놓았다.

Narcotic Plants, W. Emboden (Collier Books, 1979)
생물학과 문화가 읽기 좋게 어우러진 책.

Plants That Kill, E.A. Dauncey and S. Larsson (Royal Botanic Gardens Kew, 2018)
화려한 그림과 함께 범죄와 부주의에 의한 음독 사건들이 흥미진진하게 실린 책. 잠자리에서 읽을 만한 책은 아니다.

Murder, Magic and Medicine, J. Mann (Oxford University Press, 1994)
다른 책들보다 과학에 대한 신뢰가 더욱 필요한 책.

그리고 두 권의 참고 자료:
Medicinal Plants of the World, B.-E. van Wyk and M. Wink (Timber Press, 2005)
Mind-altering and Poisonous Plants of the World, B.-E. van Wyk and M. Wink (Timber Press, 2008)

(**사회사 및 문화사**)

Compendium of Symbolic and Ritual Plants in Europe, M. De Cleene and M.C. Lejeune (Man & Culture Publishers, 2003)
아주 훌륭한 두 권짜리 참고 서적. 읽기 쉽고, 유럽 위주의 책이다.

The Cultural History of Plants, G. Prance and M. Nesbitt, eds (Routledge, 2005)
내용이 무겁다. 연구에 훌륭한 출발점.

Sweetness and Power(한국어판: 설탕과 권력), S.W. Mintz (Penguin Books, 1985)
설탕, 정치, 무역.

Flowers and Flower Lore, 3rd edition, H. Friend (Sonnenschein, 1886)
많은 사람들이 수년간 연구한 상세한 자료가 실렸다.

(더 전문적인 참고 자료를 원한다면)

개별 식물속이나 종에 관한 많은 책이
시중에 나와 있다. 특별히 재밌는
읽을거리를 소개한다.

A Natural History of Nettles, K.R.G.
Wheeler (Trafford, 2005)
정말 대단한 업적이다. 민속, 과학, 역사를
포함해 놀라울 정도로 자세한 내용이
실렸다.

The Book of Bamboo, D. Farrelly (Sierra
Club Books, 1984)
경이로울 만큼 상세하고 만족스럽다.

*Orchid Fever, E. Hansen (Methuen, 2001)
'사랑, 욕망, 미치광이들에 대한 원예
이야기.' 정확하다.

Vegetables from the Sea, S. and T. Arasaki
(Japan Publications Inc., 1973)
생물학, 문화, 요리법이 뒤섞인 흔치 않은
자료.

All about Coffee, W.H. Ukers (Tea and
Coffee Trade Journal Company, 1922)
커피와 식물 애호가들을 위해 여러
번 재출간된 책으로 여러 출판사에서
출간되어 쉽게 구할 수 있다.

(전문 학술 서적)

이 책들은 전문 과학 용어로 쓰였고, 구판을
찾지 못하면 꽤 비쌀 것이다. 하지만 쉽게
읽을 만한 부분들도 있으므로 한 번쯤
도서관에서 빌려다 봄직하다.

Plant–Animal Communication, H.M.
Schaefer and G.D. Ruxton (Oxford
University Press, 2011)
동물과 식물이 서로 신호를 전달하는
수많은 방법에 대한 개괄서. 다른 책들보다
쉽게 읽을 수 있다.

The Evolution of Plants, 2nd edition, K.
Willis and J.C. McElwain (Oxford University
Press, 2004)

식물의 여러 과들이 어떻게 서로 달라지게
되었는가.

Avoiding Attack, G.D. Ruxton, T.N.
Sherratt and M.P. Speed (Oxford University
Press, 2004)
식물과 작은 생물들이 먹잇감이 되지 않는
방법.

Leaf Defence, E.E. Farmer (Oxford University
Press, 2014)
식물이 동물의 점심거리가 되지 않는 방법.

(무료로 이용할 수 있는 온라인 자료)

생명의 백과사전Encyclopedia of Life
www.eol.org
주요 특징, 분포 지도, 사진을 포함해
지금까지 알려진 모든 생물종에 관한
항목이 있다.

국제 식물원 보존 연맹 사이트Botanic
Gardens Conservation International
www.bgci.org
각지의 식물원과 관련 행사를 검색할 수
있다.

저자 웹사이트
www.jondrori.co.uk/80plants
웹사이트에 범주별로 정리한 많은 링크를
걸어 놓았다. 자료가 많은 식물원, 식물
블로그, 나무, 민속 식물학, 문화와 민속,
의약품과 약물, 어린이 자료, 농업과 작물
및 야생종, 국가별 자료, 대중 식물 과학,
진화, 개별 식물종, 실용식물학, 식용 식물,
기타 상당한 도서 목록 등이 있다. 또한 이
책에서 다룬 개별 종에 관련된 링크와 참고
자료도 실어 두었다.

(찾아보기)

가

가스파레 캄파리 Campari,
　Gaspare 167
가짓과 44-47, 52-53, 152-
　153, 190-191
감자 *Solanum tuberosum* 10,
　44, 152-153, 164, 190
게오르기 마르코프 Markov,
　Georgi 56
겨우살이 *Viscum album* 25
고구마 *Ipomoea batatas* 165
고무 40, 67, 175
곤부 18
곰팡이병 104
공작실거리나무 *Caesalpinia
　pulcherrima* 11, 172
국화속 *Chrysanthemum* 117
그레이트풀 데드 Grateful
　Dead 63
금관화 *Asclepias curassavica*
　200
기름야자 *Elaeis guineensis*
　74-75
『길가메시 서사시』Epic of
　Gilgamesh』 60
김 *Pyropia yezoensis*
　114-115
깔따구 50, 76
꿀벌난초 180

나

나무후크시아 *Fuchsia
　excorticata* 139
나방 64, 163, 167
나비 14, 172, 200
나폴레옹 보나파르트
　Bonaparte, Napoleon
　175
네로 황제 Nero 43, 71

다

다마스크장미 *Rosa ×
　damascena* 71
담배 *Nicotiana tabacum* 44,
　62, 190-191
당밀 150, 158
대 플리니우스 Pliny the
　Elder 16, 68, 73
대청 *Isatis tinctoria* 107
데드호스아룸 *Helicodiceros
　muscivorus* 49
두부 109
디오스게닌 164
디오스코레아 콤포시타
　Dioscorea composita 164
디오스코리데스 Dioscorides
　27, 28, 52
디펜바키아 *Dieffenbachia* 11,
　50
딱정벌레류 33, 94, 132,
　154, 180, 188

라

라플레시아 *Rafflesia arnoldii*
　49, 126
러시아민들레 *Taraxacum
　koksaghyz* 40-41
럼주 104
레오나르도 다 빈치
　Leonardo da Vinci 128
로더넘 134, 135
로버트 로벨 Lovell, Robert
　77
로부스타 *Coffea canephora*
　91
리넨 14, 38-39
리놀륨 38, 39
리신 56, 150
리처드 브린슬리 셰리든
　Sheridan, Richard
　Brinsley 170

마

마릴린 먼로 Monroe,
　Marilyn 58
마야 44, 184, 193
마테나무 *Ilex paraguariensis*
　148
마하트마 간디 Gandhi,
　Mahatma 107
말라리아 치료제 28
말콤 엑스 Malcolm X 129
망고 *Mangifera indica* 101-
　101, 143
맥주 34-35, 36-37, 75, 151,
　163, 182
맨드레이크 *Mandragora
　officinarum* 11, 45, 52-
　53, 190
메건 마클 Markle, Meghan
　172

메스칼 163
메이스 128
멕시코마 Dioscorea mexicana
    164-165
멜론 94, 166, 193
몰약나무 Commiphora
    myrrha 67
문신 146-147
물이끼 Sphagnum 11, 22-23
미소 된장 109
미트리다테스 Mithridates
    16
민감초 Glycyrrhiza glabra
    62-63
민들레 40-41
밀 12, 36, 37, 150, 151

바
바나나 103-104, 140
바닐라 Vanilla planifolia 50,
    77, 86-87, 143
박 Lagenaria siceraria 75,
    148, 193-194
박쥐 160, 163, 182, 198
발가 Xanthorrhoea preissii
    132
벌레잡이 식물 197-198
벌집생강 Zingiber spectabile
    121
변경주선인장 Carnegiea
    gigantea 182
보검선인장 Opuntia ficus-
    indica 166-167
보리 Hordeum vulgare 34,
    36-37, 109
부레옥잠 Eichhornia
    crassipes 88
붉은토끼풀 Trifolium

pratense 30-31
브라시아 카우다타 Brassia
    caudata 180
비소 19, 167
빈센트 반 고흐 Van Gogh,
    Vincent 28
뿌리혹박테리아 30, 31

사
사시나무알로에 Aloidendron
    dichotomum 82-83
사탕수수 Saccharum
    officinarum 111, 143,
    158
사프란 Crocus sativus 42-43,
    86
살충제 31, 190
삼 Cannabis sativa 174-175
새뮤얼 테일러 콜리지
    Coleridge, Samuel Taylor
    134, 135
생강 Zingiber officinale 121,
    194
샤를 보들레르 Baudelaire,
    Charles 28, 175
서양민들레 Taraxacum
    officinale 40-41
서양복주머니란 Cypripedium
    parviflorum 179-180
서양쐐기풀 Urtica dioica 14-
    15
서양호랑가시나무 Ilex
    aquifolium 148
선인장명나방 Cactoblastis
    cactorum 167
세잎클로버 30, 31
셀로움 Philodendron
    bipinnificatum 49-50

소다 18, 19
속새 Equisetum hyemale 202
수정궁 156
스테로이드 164, 165
스페인이끼 Tillandsia
    usneoides 186
시리아관백미꽃 Asclepias
    syriaca 200
시어도어 루스벨트
    Roosevelt, Theodore 154
시크교 99
시트론 Citrus medica 64
실피움 68, 69
쐐기풀 11, 14, 15

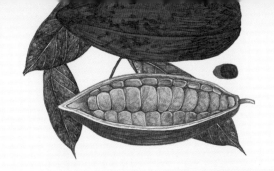

아

아룸 마쿨라툼 *Arum maculatum* 49-50

아르테미시닌 artemisinin 28

아르튀르 랭보 Rimbaud, Arthur 28

아리스토텔레스 Aristotle 83

아마 *Linum usitatissimum* 38-39, 174

아마씨유 38

아마존빅토리아수련 *Victoria amazonica* 156

아세톤 19

아위 *Ferula assa-foetida* 68-69

아즈텍담배 *Nicotiana rustica* 190

아티초크 *Cynara cardunculus* 58, 94, 150

아편 전쟁 135

아프리칸메리골드 *Tagetes erecta* 99

알로에 베라 *Aloe vera* 82-83

압생트 27, 28, 175

앙리-루이 페르노 Pernod, Henri-Louis 27

야자 와인 75, 123

『약초도감 Herball』 45

양귀비 *Papaver somniferum* 11, 134-135

양동이난초 *Coryanthes speciosa* 179

에드거 앨런 포 Poe, Edgar Allan 134

에드몬드 알비우스 Albius, Edmond 86

에르난 코르테스 Cortés, Hernán 45

에버스 파피루스 72, 83

엔셋 *Ensete ventricosum* 103-104

엘리자베스 1세 Elizabeth I 174

연꽃 *Nelumbo nucifera* 10, 94-95, 104

연지벌레 *Dactylopius coccus* 166, 167

오스카 와일드 Wilde, Oscar 28

오이 193

오피리스속 *Ophrys* 180

옥수수 *Zea mays* 10, 12, 18, 37, 77, 108, 151, 152, 184-185, 193

온시디움속 *Oncidium* 180

올리버 크롬웰 Cromwell, Oliver 167

왕대 *Phyllostachys reticulata* 111-112

요오드 19

요한 게오르크 포스터 Forster, Johann Georg 140

웨지우드 170

웰위치아 *Welwitschia mirabilis* 80-81

위 아풀레이우스 Pseudo-Apuleius 53

위스키 23, 37, 87, 121

유럽다시마 *Saccharina latissima* 18

유럽만병초 *Rhododendron ponticum* 11, 16-17

육두구 *Myristica fragrans* 74, 128-129

율리우스 카이사르 Julius Caesar 52, 68

은나무고사리 *Cyathea dealbata* 136-137

은매화 *Myrtus communis* 60, 64

은행나무 *Ginkgo biloba* 118-119

이끼 186

이보가 *Tabernanthe iboga* 79

이보게인 79

이탄이끼 22-23

인디고 *Indigofera tinctoria* 107, 139

자

자이언트켈프 *Macrocystis pyrifera* 18-19

잔 다르크 Jeanne d'Arc 53

잔디나무 *Xanthorrhoea preissii* 132

장 니코 Nicot, Jean 190

장미유 71

제리 가르시아 Garcia, Jerry 63

제임스 보스웰 Boswell, James 170

제임스 쿡 Cook, James 140, 146, 176

제충국 Tanacetum cinerariifolium 117
제프리 초서 Chaucer, Geoffrey 62, 63
조로아스터교 60
조지 워싱턴 Washington, George 191
조지 3세 George III 34
조지프 뱅크스 경 Banks, Sir Joseph 146
존 게일하드 Gailhard, John 77
주키니 호박 193
줄맨드라미 Amaranthus caudatus 150-151
지하란 Rhizanthella gardneri 180

차
찰스 다윈 Darwin, Charles 81, 179, 180, 198
찰스 디킨스 Dickens, Charles 137
찰스 램 Lamb, Charles 171
초콜릿 11, 64, 76, 77, 90
칠레소나무 Araucaria araucana 176

카
카바 Piper methysticum 11, 140-141
카카오 Theobroma cacao 76-77
카타세툼속 Catasetum 180
카페인 76, 79, 91, 148
칸나비디올 CBD 174
칼라미테스속 Calamites 202
캐슬린 드루 베이커 Drew-

Baker, Kathleen 114
커피나무 Coffea arabica 90-91
코브라릴리 Darlingtonia californica 197
코이어 123
코치닐 166, 167
코코넛 Cocos nucifera 100, 123-124, 140, 143, 146
코투쿠투쿠 139
코프라 124
콤미포라 귀도띠이 Commiphora guidottii 67
콩 Glycine max 12, 30, 36, 62, 68, 100, 107, 108-109, 150, 185, 193
콩과 식물 30, 100, 107, 108, 193
쿠쿠이나무 Aleurites moluccanus 146-147
쿡소나무 Araucaria columnaris 176
크리스마스나무 Nuytsia floribunda 25, 131
크리스토퍼 콜럼버스 Columbus, Christopher 170, 190
클레멘스 8세 Clement VIII 90

타
타이탄 아룸 126
태산목 Magnolia grandiflora 188
테오프라스토스 Theophrastus 52, 64
테킬라 160, 163
테킬라용설란 Agave tequilana 160-163
테트라히드로칸나비놀 THC 174
토마토 Solanum lycopersicum 10, 44-47, 74, 152
토머스 에디슨 Edison, Thomas 112
토머스 제퍼슨 Jefferson, Thomas 191
튤립속 Tulipa 33

파

파나마풀 Carludovica
 palmata 154

파리 49, 81, 126, 180, 197,
 198, 200

파블로 피카소 Picasso, Pablo
 28

파인애플 Ananas comosus
 143, 163, 170-171, 182,
 186

파피루스 Cyperus papyrus
 27, 72-73, 83

판다누스속 Pandanus 143-
 144

팜유 74, 124

폴 베를렌 Verlaine, Paul 28

풀케 160, 163

풍뎅이 50, 156

프리드리히 대왕 Frederick
 the Great of Prussia 152

프리드리히 웰위치
 Welwitsch, Friedrich 80

프리츠 하버 Haber, Fritz 31

플라티나 Platina 43

플랜테인 103

피마자 Ricinus communis
 56-57

피마자유 56, 57

피에르 오르디네르
 Ordinaire, Pierre 27

피에르 푸아브르 Poivre,
 Pierre 129

피에트로 안드레아 마티올리
 Mattioli, Pietro Andrea
 45

피임약 68, 165

피톱토라 라모룸
 Phytophthora ramorum
 16

하

해리 왕자 Wales, Harry 172

해머오키드 Drakaea
 glyptodon 180

해시시 174, 175

해양 식물성 플랑크톤 18,
 205

해조류 11, 18, 19, 115, 197

향쑥 Artemisia absinthium
 11, 27-29

헤나 Lawsonia inermis 93

헨리 8세 Henry VIII 174

호레이쇼 넬슨 Nelson,
 Horatio 67

호프 Humulus lupulus 34-35,
 37

황금연꽃바나나 Musella
 lasiocarpa 104

(감사의 말)

모든 작가에게는 편집자가 필요하다. 그리고 앤드류 로프Andrew Roff는 내가 딱 바라던 편집자였다. 통찰력 있고, 호응해 주고, 인내심 많고, 외교적 수완도 뛰어나다. 그리고 참, 재밌다! 나는 루실 클레르를 진심으로 존경한다. 클레르의 훌륭한 그림이 이 책을 멋지게 보완한다고 독자들이 생각해 주면 좋겠다. 나는 그렇게 생각한다. 켈티 메칼스키Keltie Mechalski와 알베르토 그레코Alberto Greco는 클레르가 참조할 만한 적합한 이미지를 찾아 주었다. 마수미 브리오초Masumi Briozzo와 펠리시티 오드리Felicity Awdry가 없었다면 이 책은 이렇게 아름답고 조화롭게 완성되지 못했을 것이다.

큐 왕립식물원(나, 드로리의 천국)의 도서관과 기록 보관소의 직원들이 많이 도와주었고, 런던대학교 도서관의 캐롤라인 킴벨Caroline Kimbell 역시 큰 도움이 되었다. 시간을 내어 원고를 검토해 준 친절한 전문가 스튜어트 케이블Stuart Cable, 찰스 고드프리Charles Godfray, 마이크 그린우드Mike Greenwood, 제프 호틴Geoff Hawtin, 조 오스본Jo Osborne에게 진심으로 감사한다. 영국 정부 기관인 식물 검역소의 강력한 식물 옹호자인 루시 카슨-테일러Lucy Carson-Taylor는 여러 차례 도움을 주면서 크게 격려해 주었다. 로잔나 페어헤드Rosanna Fairhead와 패트리샤 버게스Patricia Burgess는 세심한 부분까지 신경 써 가며 교정본을 확인해 주었다. 그래도 실수가 나온다면 그건 다 내 잘못이다.

다양한 식물 및 환경 단체와 일하면서 통찰력 있는 훌륭한 전문가들을 만날 수 있었다. 모두에게 감사와 사랑을 전한다.

내가 한 일이라고는 수 세기 동안 힘들게 제 분야를 연구하여 인류의 지식을 쌓아 올린 과학자들과 역사학자들의 연구를 보고한 것뿐이다. 그들이 없었다면 애초에 이 책을 시작할 엄두도 내지 못했을 것이다.

아내 트레이시와 아들 제이콥은 기이한 식물 세계에 대한 내 열정을 인내로 지켜봐 주었다. 그들이 아직 인정하지 못할지라도, 그 일부가 그들에게 영향을 준 것은 분명하다.

식물의 세계

2021년 6월 4일 초판 1쇄 인쇄
2021년 6월 16일 초판 1쇄 발행

지은이   조너선 드로리
옮긴이   조은영
발행인   윤호권 박헌용
본부장   김경섭
편집   한소진

발행처   ㈜시공사
출판등록   1989년 5월 10일(제3-248호)

주소   서울시 성동구 상원1길 22 (우편번호 04779)
전화   편집(02)2046-2843·마케팅(02)2046-2800
팩스   편집·마케팅(02)585-1755
홈페이지   www.sigongsa.com

ISBN   979-11-6579-584-9 03480